普通高等教育建筑与环境艺术类
"十二五"规划教材

商业空间设计

盖永成　郭潇◎编著

中国水利水电出版社
www.waterpub.com.cn

内 容 提 要

本书结合我国大学专业教育未来的发展方向和现代大学人才培养目标，对商业空间设计进行了新的研究和探讨。将实际项目案例，包括其设计策划、设计程序、设计结果等内容引入。本书共分10个单元，分别是商业空间设计概述、商业空间的业态与分类、设计与消费心理、商业空间策划要素、商业空间的分类设计、商业空间配套设计要素、商业空间照明设计、商业空间色彩设计、商业空间与堪舆学、设计程序等。

本书适合作为高等院校建筑相关专业、环境艺术设计专业的学生使用，也可以供有兴趣的读者和专业人士参考阅读。

图书在版编目（CIP）数据

商业空间设计 / 盖永成, 郭潇编著. -- 北京 : 中国水利水电出版社, 2011.5 (2014.12重印)
普通高等教育建筑与环境艺术类"十二五"规划教材
ISBN 978-7-5084-8063-3

Ⅰ. ①商… Ⅱ. ①盖… ②郭… Ⅲ. ①商业建筑－室内装饰设计－高等学校－教材 Ⅳ. ①TU247

中国版本图书馆CIP数据核字(2011)第082570号

书　　名	普通高等教育建筑与环境艺术类"十二五"规划教材 **商业空间设计**
作　　者	盖永成　郭潇　编著
出版发行	中国水利水电出版社 （北京市海淀区玉渊潭南路1号D座　100038） 网址：www.waterpub.com.cn E-mail: sales@waterpub.com.cn 电话：（010）68367658（发行部）
经　　售	北京科水图书销售中心（零售） 电话：（010）88383994、63202643、68545874 全国各地新华书店和相关出版物销售网点
排　　版	北京时代澄宇科技有限公司
印　　刷	北京鑫丰华彩印有限公司
规　　格	210mm×285mm　16开本　7.75印张　184千字
版　　次	2011年5月第1版　2014年12月第3次印刷
印　　数	6001—9000册
定　　价	**32.00元**

凡购买我社图书，如有缺页、倒页、脱页的，本社发行部负责调换

版权所有·侵权必究

序

改革开放 30 年，在建筑界造就了一个行业——中国建筑装饰；在教育界成就了一个专业——环境艺术设计。中国建筑装饰行业的建立与发展，涉及建筑学、建筑工程学、风景园林学、艺术学等学科的理论指导，其业务范围涵盖建筑主体的内外空间。作为高等院校相对应的学科建设来看，除了传统的建筑类学科之外，艺术类的环境艺术设计专业，成为适应性强、就业面广的重要人才培养基地。

从理论建构到社会实践，环境艺术与环境艺术设计都是两种概念。由于环境艺术设计的边缘与综合特征，其观念的指导性远胜于实践的操作性。因此在社会运行的层面，环境艺术设计还是以建筑室内与建筑景观的定位，进行设计的操作，相对符合时代背景的限定。

环境艺术设计的专业特征——体现设计空间范围的难度、进入人类社会生活的深度、涉及不同专业领域的广度，相对高于二维平面与三维立体各类设计的专业方向。边缘性、多元化、综合型的专业特征，使得环境艺术设计专业方向，在不同学校以各具特色的方式和各自理解的教学方法，按照职业教育和素质教育的两种范式向前发展。

尽管目前在高等院校进行的高等设计教育，使用统编的专业教材，并不符合培养复合型、创新性人才的相应教学，但在中国设计教育超速发展的态势下，实际上大多数大学本科设计专业的教学，还是一种专业基础知识和技能的传授。因此编写打破人文艺术与工程技术专业界墙，适合不同类型高校教学的通用教材，就成为高等院校设计教育教材编写的一种方向。现在看到的这套《普通高等教育建筑与环境艺术类精品规划教材》，就是以这样的理念策划与出版的。

设计的基本要素，一个是时间，一个是空间。我们都知道，在爱因斯坦以前，物理的时间概念是绝对的；而这之后发生了颠覆，时间也变为相对的。于是，通过时间进行环境体验便成为被科学证明的问题。作为今天的高等设计教育，其设计观念的培育，从本源上就是要建立正确的设计时空观。

东方文化艺术，尤其是中国的文化艺术，更注重于时间概念的体现，而非是空间概念的形态。这一点，在建筑环境中体现得尤为明显。中国建筑环境所营造的体系与西方建筑环境相比是完全不同的两条路。同济大学教授陈从周的《说园》中，有一句话非常经典："静之物，动亦存焉。"这句话的意思就是：动与静是相对的。换作时空的概念："静"是空间的一种存在形式，而"动"则是以时间的远近来实现它的一种媒介。它表明东方传统的时空观是一个完整系统。关键在于，它的建筑环境一定要体现一种时空的融会。而时空融会的概念所反映的就是以环境定位的艺术观。

可以看出环境的艺术美学特征显现需要冲破传统的理念，这就是时间因素对于空间因素的相对性。城市与区域规划中美学价值的体现之所以未被关注，就在于基于时空概念的环境美学观尚未被人们所理解和重视。即使是建筑学和风景园林学领域的美学价值，在许多人的认识中还是以传统的美学观来判定，尚未上升到环境美学的境界。也就是说需要建立时空综合的环境艺术创作系统，来切实体现环境美学的理论价值。

由于环境的艺术是一种需要人的全部感官，通过特定场所的体验来感受的艺术，是一个主要靠时间的延续来反复品味的过程。因此，在环境艺术设计中，时间因素相对于空间因素具有更为重要的作用。在这里空间的实体与虚拟形态呈现出相互作用的关系，只有通过人在时间流淌的观看与玩赏中，才能真切地体会作品所传达的意义。环境的艺术空间表现特征，是以时空综合的艺术表现形式所显现的美学价值来决定的。"价值产生于体验当中，它是成为一个人所必需的要素。"[1] 环境艺术作品的审美体验，正是通过人的主观时间印象积累，所形成的特定场所阶段性空间形态信息集成的综合感受。

中国高等院校现在培养的学生，是未来30年高端设计乃至创新型国家建设的人才储备，能否脱颖而出在于今天的教育。在这里教材只是教育者的一种工具，关键的问题在于教育者的教育观念，具体到一个专业，又在于专业教育观念的正确性。

2010年6月28日
于清华大学美术学院

---

[1] ［美］阿诺德·伯林特，著．环境美学．张敏，周雨，译．长沙：湖南科学技术出版社，2006

前 言

商业空间设计是现代建筑领域研究的一个重要课题，古今中外许多专家学者对此倾注了大量心血，进行了许多卓有成效的专业研究，他们所取得的研究成果被广泛地运用于建筑实践，在创造着极大的经济价值和实用价值的同时亦推动着建筑领域和建筑科学的革命性变化。当今时代，随着科学技术和社会经济的迅速发展，无限扩张的信息源及外来科技与国内产业链的相互碰撞，使得新商业文化产生的偶然性大幅增加了，这无数的偶然性便形成了以商品经济的多元化、经营方式的多元化为背景的时代。至此，无论是商业空间的设计领域，还是策划范围，都在经历着划时代的变革，而这次变革主要体现在经营方式的系统化、空间形式的多样化、设计过程的复杂化、设计范围的扩大化等方面。

可以说，是现代科技带动了经济文化的发展，提高了市场购买力，同时，也促进了市场消费观念的变革。那么，今天的消费者，已经从"物质的获得、精神的满足"，发展到追求"健康环保"的消费理念，商业活动也随着商业空间的日益丰富而发展为更加人性化的关怀。当今的商业环境已不仅仅是联系生产者与消费者的媒介场所，其功能内涵更扩展为休闲娱乐、文化交流、自然绿色。因此，现代商业环境设计不仅是生存环境、空间环境、视觉环境的设计，更是心理环境、智能环境、文化环境、绿色环境的设计，最后，再实现新型商业空间中物质、信息、情感的相互交流。

本书以积聚经济、文化、科技、艺术设计语言作为专业技术交流的出发点，并在现代商业环境中，融入历史语境和未来元素，用包容、开放的美学观点，揭示现代商业空间纷繁背后的设计理念。从某种角度上说，设计的过程是一个渐进的多变的过程，也是一个理论和实践紧密结合的过程，因此，商业空间的使用性质、运作模式、经营目的、发展变化等都在要求设计更加准确有效地为之服务。相信研探商业空间设计领域中的某些个别问题，也许是对未来商业文化新的拓展，所以这样的"交汇"是有意义的，是我们彼此奋斗的必经之路与发展途径。

本书的论述特点主要体现在以下几个方面：

（1）论述的全面性。我们用多纬度的视角研究分析商业环境中的商业展卖空间、餐饮空间、休闲空间、娱乐空间、酒店空间的设计。

（2）把商业空间设计与实际项目案例结合起来。包括设计策划、设计程序、设计结果等内容。

（3）本书分为10个单元。

单元1通过商业空间的设计简介，论述商业展卖空间的衍生演变、酒店及餐饮空间的衍生演变，最后探讨当代商业环境特征及其发展趋向。

单元2论述商业空间的业态分类，包括商业展卖空间的业态分类，如餐饮空间分类，休闲空间、娱乐空间分类及酒店空间分类。此单元中，对商业环境的三大要素，即人、环境和商品，单设一节，加以论述。商业环境的发展受到人的需求与商品自身发展规律的共同影响，因此探讨商品自身发展规律对商业道具乃至总体商业环境艺术设计的影响也是本书的内容之一。

单元 3 揭示设计与消费心理的关系。通过对市场心理分类、对当代的时代特征与人的行为方式的深入研究，探讨经营思想对商业环境艺术的影响和作用，揭示商业环境艺术设计与经营的内在联系。

单元 4 论述商业空间策划的要素。从前期的策划开始到后期周边环境的分析、环境标准、技术设施等的分析介绍有利于设计师或者学生们更理性地了解商业空间。

单元 5 讲述商业展卖空间的分类，包括商业展卖空间的形态分类。从平面功能的角度分析商业展卖空间。

单元 6 为商业空间配套设计，包括设备管网设计、配套设施设计及无障碍设计等。强调无障碍设计对商业空间的重要性。

单元 7 探讨商业空间的灯光照明，包括照明的主要指标、商业空间照明的作用、商业空间照明的方式、商业空间照明的设计要点及功能照明等。

单元 8 论述商业空间色彩设计，包括色彩的物理、生理与心理效应、商业空间色彩设计的特性、商业空间色彩的内涵、商业空间色彩设计的原则、商业空间的色彩创意及商业空间色彩的个性等。

单元 9 讨论商业空间与堪舆学，包括选址与堪舆、颜色与堪舆、游泳池与堪舆、禁忌与堪舆及我国古代商业的经营理念和信条等。

单元 10 为设计程序。重点了解商业空间设计的前期、中期、后期的实施过程，使学生初步懂得独立完成设计项目的必要技能。

商业空间设计是现今大学相关专业的一门必修课程，专业性强，内容涉及面广。在近年的教学实践中，笔者深感现有教材理论与实践的联系明显不够，给课堂教学带来诸多不便。因而，总结几年来的教学经验和体会，参考国内外著名专家学者的新知识、新观点、新成果，结合我国大学专业教育未来的发展方向和现代大学人才培养目标，对商业空间设计教学进行了新的研究和探讨，编纂成此书，算作是一种改革尝试吧。

由于题材量大，编写时间紧迫，加之笔者才疏学浅，书中难免会有不足和疏漏，恳望专家学者及广大读者不吝批评指正。

本书能对从事该领域学习研究的人士、在校学生有所帮助，实为所望。

编者
2011 年 2 月

写在前面的话
——商业空间设计教学思路浅析

1. 理论与实践的脱离

我国现有大专院校的教学实践中，普遍存在一个带有共性的突出问题，就是理论与实践的联系不够密切——理论不能转化为对实践产生直接指导意义的操作技术、方法、策略、规范和模式。根本原因在于我们的教学模式还没有脱离过去几十年形成的传统轨迹，尽管近些年来我们在教育领域已经作了一些改革和探索，但幅度不大。因为我们现有的高考制度本身已经决定了这种教学模式和方式的变革只能是渐进性的、逐步的和分散的。那么，毋庸讳言，这种教学实践与培养和提高学生面对商业市场的判断能力及创意能力的指导思想是不相适应的，同时，也与人类正常个性思维的发展与开发方式不相一致。在教学的过程中，尽管学生在大学三年级的时候能够接触一部分的商业市场行为教育，但我们的案例教学与应用还是远离实际操作的，也就是说，总体的教学模式还是滞后于社会的发展需求的。那么，如何改变这种现状，本书在商业空间教学这个领域进行了积极的尝试。我们在充分总结分析国内外现有专业教材成功和不足的基础上，形成自己的特色：通过对商业空间设计理论课与专业课的合理搭配，通过教与学的程序连接，不断运用案例式、启发式、讨论式、质量反馈等循序渐进的方法进行实际案例的教学和模拟教学，使理论与实践更紧密地结合起来，使我们的学生能更迅速地接受和掌握本专业知识，并能更快地将其运用于工作实践而将知识转化为实际成果。

本书从经营的角度来分析商业空间的教学内容，其中还包括：对使用者的心理分析、面积的分摊比、动线的分析、后房区的支持面积及现场的可行性分析等。我们尤其提出商业空间设计与实践的理念就是：提高学生参与设计和实际操作的能力。因为商业的设计是弥漫在各个领域的——只要是有人的地方就有商业行为。

由上可知，在我国现有教学理论的研究中，教学设计起着媒介的作用，是连接教学理论与教学实践的桥梁。因此，将教学原理和规律运用于教学实践，是教学设计研究的核心问题。

2. 理论与实践的连接

商业行为就是：因人们对生存空间的心理需要从而产生的，为了在商场中赢得竞争，想出、做出的新颖性和创造性的行动。

一般情况下，我们所说的商业空间的表达形式，仅仅是为了达到预想目的而采取的手段而已，因此这一形式本身并没有任何实际的意义，只有当形式与其要表达的内容——设计与实践产生关联的时候，形式才有其自身存在的价值。因为一般产品设计生命力的长短，经常是在最初思维设计时就已经决定了的，所以耐久性设计和时尚设计会给产业带来完全不同的两种结果：前者的生命延续力很强、功能齐备、风格稳健，十几年甚至几十年都不会落后，而且终身不必再做大的改造工程，但是，这也造成了耐久性产业往往没有某种绚丽感；而后者则只追求短周期内的影响力，希望快速吸引市场，快速赢得回报。

为什么商业空间设计要具备整体性的实施与链接呢？这是因为，现代商业空间教学方法与过去的教学计划不同，其最根本的区别就在于本书提出的教学设计是有明确的教学目标，着眼于激发、促进、辅助学生的学习，并以帮助和达到每个学生的自我提高为目的。在环境艺术专业也要建立商业空间设计表达和社会实践表达两极交叉的课程结构，在教学过程中更需要贯彻多而全的原则，即基础技能训练课时要多，以培养艺术表达能力；专业设计创作课程的项目程序要全，设计程序的内容要全，以培养符合社会需求的设计模型制作能力。同时，深入工地现场，了解现场的复杂性、可变性、可操作性。

简而言之，在环境艺术专业开设商业空间设计这门课程，包括开设设计内容程序控制及各方面环节教学设计是必不可少的。综上所述，我们可以总结出两点：一点是，教学是一个有目标的活动；另一点是，"设计就是为实现某一目标所进行的决策性活动"。

编者

2011 年 2 月

目录

序
前言
写在前面的话——商业空间设计教学思路浅析

第1单元　商业空间设计概述/1

1.1　商业空间设计的定义 ·· 2
1.2　商业空间设计的特征 ·· 2
1.3　商业空间的历史演变 ·· 3
1.4　商业空间的发展趋势 ··· 10

第2单元　商业空间的业态与分类/13

2.1　商业展卖空间的业态与分类 ·· 14
2.2　酒店空间的业态与分类 ·· 21
2.3　餐饮空间的业态与分类 ·· 23
2.4　休闲、娱乐空间的业态与分类 ··· 27

第3单元　设计与消费心理/29

3.1　市场心理分析 ·· 30
3.2　设计与消费心理 ··· 32

第4单元　商业空间策划要素/35

4.1　商业空间设计的前期策划 ··· 36
4.2　商业空间的周边环境分析 ··· 38

第5单元　商业空间的分类设计/41

5.1　商业展卖空间的平面布局及分类设计 ································ 42

5.2　酒店空间的平面布局及分类设计 …………………………………………………… 54

5.3　餐饮、休闲、娱乐空间的平面布局及分类设计 …………………………………… 62

第6单元　商业空间配套设计要素/71

6.1　设备管网设计 ………………………………………………………………………… 72

6.2　配套设施设计 ………………………………………………………………………… 75

6.3　无障碍设计要素 ……………………………………………………………………… 77

第7单元　商业空间照明设计/81

7.1　照明的基础知识 ……………………………………………………………………… 82

7.2　商业空间的分类照明 ………………………………………………………………… 87

7.3　不同类别商业空间的照明设计 ……………………………………………………… 89

第8单元　商业空间色彩设计/91

8.1　色彩的感受效应及其在商业空间设计中的作用 …………………………………… 92

8.2　商业空间色彩设计的作用和原则 …………………………………………………… 95

8.3　商业空间的色彩创意 ………………………………………………………………… 97

第9单元　商业空间与堪舆学/101

9.1　选址与堪舆学 ……………………………………………………………………… 102

9.2　颜色与堪舆学 ……………………………………………………………………… 103

第10单元　设计程序/105

10.1　设计前期 …………………………………………………………………………… 106

10.2　设计中期 …………………………………………………………………………… 106

10.3　设计后期 …………………………………………………………………………… 111

参考文献/114

第1单元　商业空间设计概述

授课形式：（1）计算机及多媒体教学。
　　　　　（2）课题量化。
　　　　　（3）选择题目。
　　　　　（4）实验性教学。
　　　　　（5）作业情况。
　　　　　（6）社会实践。
学习目的：（1）了解商业空间和酒店及餐饮空间的发展演变。
　　　　　（2）掌握现阶段商业空间的特征及发展趋势。
学习重点：商业空间的演变历史。

1.1 商业空间设计的定义

商业有广义与狭义之分。

广义的商业是指所有以营利为目的的事业,一般可以分为销售食品、销售服装的商品销售业,经营饭店、饮食店的餐饮业,以及提供清扫服务等一些内容的服务业等。其中商品销售业又按照所销售的商品、销售的方法和销售量等因素分成不同的规模和业态,从专卖店、小超市等小型设施,到百货店、购物中心等大型设施,可谓五花八门。而狭义的商业是指专门从事商品交换活动的营利性事业。

商业展卖空间就是在特定的空间范围内,运用艺术设计语言,通过对空间与平面的精心创造,使其产生独特的空间氛围,同时通过解释产品、宣传主题等与顾客完美沟通,达到买卖商品的目的。这样的空间形式,我们称之为商业空间。它不仅是承载商业行为的空间,更是沟通生产与消费的桥梁(空间载体)。

构成商业活动的三大基本要素是人、物和载体,它们之间的关系如图1-1所示。

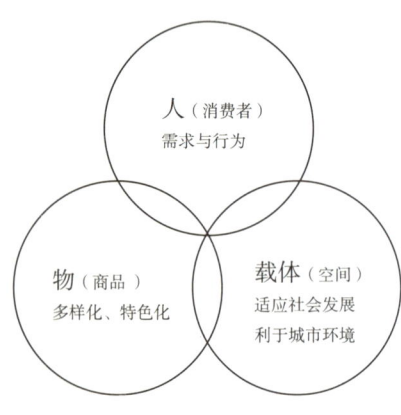

图1-1 人、物和载体之间的关系示意图

1.2 商业空间设计的特征

1. 科技性

注重科技手段的运用,展示高科技元素,增强环境的时代感和科技感。这一类商业环境在当前的展示设计中尤为多见,如图1-2和图1-3所示。

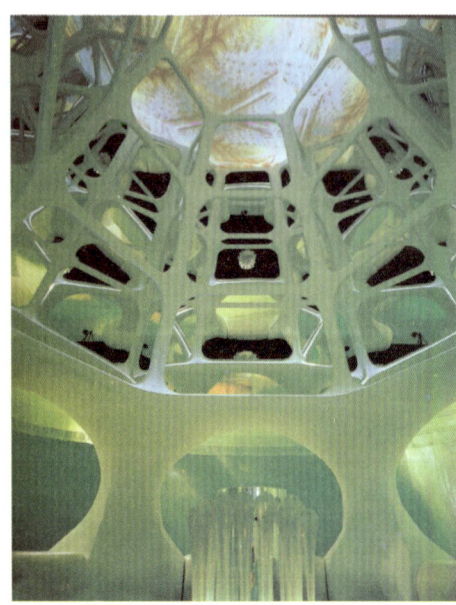

图1-2 高科技的仿自然元素符号的设计

图1-3 购物中心高科技的暴露式结构特点

2. 展示性

商品展示、信息展示、风貌展示及功能展示等商业活动功能,甚至构成商业活动的"环境"本身也是一种展示行为,如图1-4所示。

3. 艺术性

现在的商业空间,比以往更注重文化品位的体现及文化元素的应用,展示物质文化、社会文化、企业等文化功能,如图1-5、图1-6、图1-7所示。

4. 服务性

为满足人们的物质文化生活的需要而提供物质服务、售后服务、情感服务及休闲服务等功能,跟时代发展相适应,如图1-8所示。

图1-4 模特展示为主吸引远观的顾客

图1-5 带有韩国文化符号的设计

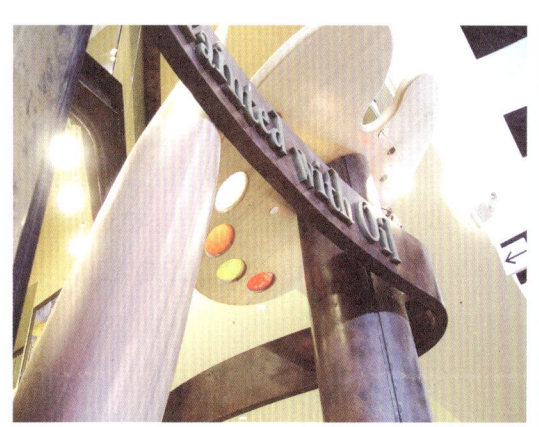

图1-6 美国某美术用品专卖店绘画元素符号

图1-7 东南亚元素符号的应用

图1-8 服务功能与时代发展相适应

1.3 商业空间的历史演变

1.3.1 商业展卖空间的衍生演变

1.3.1.1 原始阶段

商业起源于原始的商业行为和宗教活动,远古时期的人们对自然力或自然神进行崇拜中常与图腾观念相连。处理图腾物种，有时也举行一定的宗教仪式。图腾成为祖宗的象征，神圣而不可侵犯。同时，图腾也成为氏族的族徽，体现着原始的意念并传达领域形式，用于把各个氏族区分开来。

与此同时，人类的商业活动开始在以"市"为核心的一个共同体中运行的，在原始社会的生产力发展到一定阶段时，原始人类的生活和生产资料产生了交换的需求。在交换的过程中，物品的陈设和交易就成了必不可少的过程了。不同地域的自然条件和生产技术的改变形成剩余产品之后，人们用这些剩余产品与其他集团和地域不断进行交换，从此，商业形式发展起来。这种起步于"物物交换"的"市"，随着货币经济的发展，逐步定期化、永久化而成为了"市场"。

在物与物的交换过程中，物品的陈设方式也就成为最初的商品交换过程中的一个重要环节。对交换物品的查验和辨别是商品交换的第一步；为促成这种交换，有意识地展示物品的质量便成为最初的形式。古书《诗·卫风·氓》中提到的"氓之蚩蚩，抱布贸丝"，描绘了原始社会晚期人们进行物物交换的情景，这是人类历史上最早的商业展示形式。这种交换促进了商品的生产和流通，更促进了社会的分工，也促进了商业的发展，并形成了最初的商业环境——集市。在集市贸易上，人们可以将各自的商品展示集于一定的场所内，供人选购，甚至为这种展示制作一定的道具，如货架等，来更好地陈设商品。这也可以认为是最原始的博览会的雏形。据史料记载，在中国的商周时代，就开始有专业从事商业活动的商人；至春秋战国时代，出现了洛阳、邯郸等一大批商业都市和富甲一方的大商贾。

现代所说的，陈列偶像和其他宗教内容的场所，就是古代的祭坛、神庙等。例如雨、水、天、禾、田、木、树苗、太阳及方位和表现我国拜祖祭祖和巫术神法的，还有我国所特有的天干地支、数字和卜卦等符号，如图1-9所示。

如果有一座保存完整的教堂或神庙，那么我们甚至可以把它看成是一座完整的宗教或艺术品的博物馆，同时，从这座博物馆中，我们可以看到西方宗教历史及宗教艺术的发展过程。约在公元前5世纪时候的古希腊，在闻名的奥林匹斯神殿内，就有一个"宝库"，里面收藏着各类战利品和艺术品。于是，在西方很多国家将其视为博物馆的雏形，如图1-10所示，或者，我们也可以把它看作是广义上所讲的商业空间形态的雏形。归根到底，

图1-9 带有宗教内容的场所

图1-10 希腊雅典帕堤农神庙

从原始的图腾崇拜到宗教的偶像崇拜，从一定意义上来说，大都是以一种展示的形式出现的；在美洲发现的许多奥尔梅克时期的出土文物具有显著殷商文化的特征；如在墨西哥的太平洋沿岸出土的玉器与殷商的玉圭等有着异曲同工之妙。

概括地说，我国古代，主要城市中的商店，大致可以分为三类：第一类是按行业来分的专卖商店；第二类是提供给居民日常生活食用品的主副食店；第三类是供应五金、陶瓷等杂货品商店。

在我国古代，商业活动主要分为两个阶段，主要是以宋朝为一个分界。

宋朝以前，按照《周礼》的记载，早期的商业是在以"市"为核心的一个共同体中运行的，没有演变成集市。在唐代以前的里坊制城市中，市场有专门官员管理；宋代则在坊内沿街设置。

宋朝以后，商业活动最开始体现于店铺行会和集市贸易两方面。一些店铺、行会组织，为了促销开始注意宣传形象的展示。例如，从图1-11和图1-12可以想象，当时的店铺主人通过实物陈列和口头叫卖招揽顾客的情景，这是当时商业活动发展到一定时期后必须出现的设计形态。可见，那时已经形成了强烈的设计意识和开始追求更高层次商业诉求行为。

图1-11　我国古代店铺复原场景

图1-12　店铺门前摆放商品或悬挂旗帜进行原始的买卖交易

在此，人们开始以固定店铺的形式从事商品交易，把商品陈列在被称为"棚"的台板上销售，从而形成了商品展示的雏形。

1.3.1.2　成形阶段

自1851年的首届世界博览会起，便拉开了商业空间设计的序幕，乃至商业活动的历史新纪元。在世博会上，人们纷纷赞美这座由帕克斯顿设计的通体透明、庞大雄伟的建筑——水晶宫。谁会想到，这一个场馆，最终却成为了第一届世博会中，最成功的作品和展品，也成为了首届世博会的标志。可以说，水晶宫成就了世博会的举办，同时，世博会的成功又为世界上第一次聚集众多国家交流不同的文化、科技成果开创了先例。最终，世博会和水晶宫也标志着现代商业空间设计的开始及发展。

1905年，我国在南京举办了第一届博览会，1919年开放了故宫博物院。从1920年起，我国开始营造博物馆和展览馆。1934～1937年，青岛水族馆、上海博物馆和南京博物馆正式建成，并在南京博物馆举办了"中国建筑展览会"，共展出古代及近代建筑模型、图纸、材料和工具等1000余件。

1.3.2 酒店及餐饮空间的衍生演变

古希腊、古罗马时期称酒店为"客栈"，中国殷代称其为"驿传"，发展到现代的旅馆、宾馆、饭店、酒店，经历了从满足物质功能逐步走向创造精神功能的演变过程，装修日益精致，设计风格也不断创新。从繁琐的装饰，到简洁的多元并存，从个性的展现到文化的交融，发展到今天，现代酒店的装饰风格已形成了百花争艳、形式多样、不拘一格的多元化时代。随着历史的不断发展，随着"文艺复兴"时期文化与艺术的兴盛所带来的人文主义的影响，随着殖民主义和独立战争在全球范围内形成的大规模的人口流动、迁徙和社会的动荡，使得这种衍生并依赖于交通、运输、贸易的客店业始终徘徊在缓慢的发展之中。因此，我们可以说客店是酒店业最早的雏形。

1.3.2.1 原始阶段

酒店最早出现在古希腊、古罗马时期，随着商业活动的发展与宗教活动的盛行，引起了人们对食宿设施的需要。早期英国的客栈，约在11世纪出现于伦敦，而后逐渐在乡间建筑客栈，慢慢发展到欧洲各国。1425年兴建的天鹅客栈，是英国古老的客栈之一。

"宾馆"一词是从18世纪中期，在巴黎、伦敦等大都市作为大规模高级住宿设施的称呼开始使用的，该词的起源是从中世纪拉丁语"hospes"（别处的人–旅客之意）派生出来的"hospitale"，经过中世纪法语、近代英语表示的旅店、宿舍、大住宅等的"hotel"，转化成为现代法语的"hôtel"、现代英语的"hotel"。延续时间从中世纪（1101～1460年）到17世纪中叶前的早期工业革命年代（1835年以前）。另外，从拉丁语的"taberna"演变过来的"居酒屋"一词也是指一种主要的住宿设施，它兼有"tavern"这样的住宿房间。但是，从16～17世纪前后开始，住宿被称为"inn"，而"tervern"称为居酒屋，以示区别。

我国饭店的历史源远流长，远在3000多年前的殷代，当时官办的"驿传"，专供传递公文和来往官员住宿，可以说是最早的饭店。到了周代，有供客人投宿的"客舍"，西汉建造的"群邸"、"蛮夷邸"，专供外国使者和商人食宿。唐、宋、元、明、清时期，旅馆业得到较大的发展，名称更多，有邸店、驿站、四方馆、都亭驿、同文馆、大同馆、来宾馆、朝天馆、都亭西驿、四夷馆等。以上这些，都是我国早期的饭店（即旅馆）。

我国古代饭店的发展历经数千年，但规模都比较小，饭店建筑一直停留在低层木结构庭院式组合的格局中。建筑形式往往吸取当地民居特点。但中国古代饭店的建筑布局却很活泼，尤其是南方的旅馆，依势借景，结合庭园绿化，很有特色。如南宋平江府（现苏州）姑苏馆是江南旅馆结合庭园的佳例，客房临水而立，可远眺风光景色，而内花园又是亭台廊榭、小桥流水。

据说，首先在欧洲经营大规模宾馆的是1850年巴黎Ground宾馆。接着在1885年，从Hotel du Louver开始，柏林及其他各地都建起了这样的宾馆。在出现"宾馆"一词之前，有相当于我国的"客栈"一词，这是一种小规模的一般住宿设施，在英国称"inn"，在法国称"auberge"，这些叫法至今还在使用。12世纪，由于商人和银行家在欧洲开始大量出现，商业秩序和规模开始形成，以"威尼斯商人"为代表的欧洲贸易开始流行起来。欧洲人依靠航海从亚洲又经非洲带回东方的香料、丝绸，又通过开辟更多的内陆河道和运输航线从威尼斯、热那亚向法兰西、普鲁士、英国输送商品，并且进行奴隶交易。这个时期的交通是以水上运输和陆地上的马车运输为主的，进而在沿着这些贸易线路逐渐兴建的一些城市和港口中就出现了驿站和客栈，如图1-13所示。

图1-13 水城航道附近的驿站

随着历史的发展，以及文艺复兴时期文化与艺术的兴盛所带来的人文主义的影响，包括殖民主义和独立战争在全球范围内形成的大规模的人口流动、迁徙和社会的动荡，使得这种由此衍生并依赖于交通、运输、贸易的客店业始终徘徊在缓慢的发展之中。

在中国和印度沿海地区的贸易出海港口，以及地中海沿岸和北美洲、拉丁美洲的沿海口岸城市，大量小客店亦应运而生，但是由于遍布全球的殖民主义掠夺、宗教战争、独立战争、领土战争，甚至海盗战争连续数百年从未间断，导致先进国家将早期工业文明和经济发展的成果大部分用于割据和争夺的需要，人们在动荡的生活中对舒适和享受的需求是极其淡漠的。所以，这些长期处于"原始阶段"的客店，其单一的住宿经营方式和小规模低标准的特征始终没有改变。

19世纪中叶，工业和运输业的发展带动了从欧洲到北美和亚洲的商人、新殖民者、投资人、冒险家的旅行热潮。在亚洲，欧洲人控制了印度、缅甸和东南亚，并开始和中国、日本进行贸易；在北美，南北战争的结束使美国逐渐走向稳定、富裕和强大。这些因素使人口增长，城市建设也得到快速发展，人们对旅行时的住宿需求也开始发生微妙变化，包括对旅馆的建筑档次、室内的布置及服务的标准都产生了新的要求，一些著名的、较大规模的老牌酒店在这个时期陆续出现于欧洲一些繁荣的大都市中，并建立了自己的品牌。1889年的The Savoy宾馆是高级宾馆的始祖，当时整座宾馆采用电灯照明、带浴室的客房和6部电梯，被公认是高级宾馆。该宾馆的第一任经理萨尔·里兹于1898年亲自在巴黎创建了Hotel Ritz，直到现在还是宾馆界的权威人士。意味着一流、豪华之意的英语ritzy一词就是从这时产生的。

由于是酒店服务意识的增长，在城市里出现了商务宾馆，在旅游区出现了附加多种功能的大型设施和膳宿公寓等，使得现代化水平落后的小规模旅馆失去了竞争能力。为了生存，多数旅馆在管理和营业方式上向宾馆系统靠近，有的果断地转向了高级宾馆，有的被迫停业。这些酒店宾馆以确保固定客源为目标，服务理念和服务措施不断得以完善和提高，迎来了旅馆业革新的关键时刻。

1.3.2.2 成形阶段

1945年起，第二次世界大战结束（1945年）以后，联合国诞生，通过电影、饮料、餐馆连锁业、波音飞机等途径传输，酒店业也从城市扩展到海边，人们对酒店的需求也从商业旅行扩展到度假和娱乐。

1971年底，美国开始把酒店业扩张到全世界。从20世纪50年代以后，美国本土的酒店产业和酒店文化就已经迎来了又一次快速发展的高潮，如图1-14所示。到20世纪70年代初期，全美国就已经有23000多家酒店，4000家汽车旅馆和70多个酒店连锁品牌。由于波音747大型客机的投入使用，以及酒店业专业化、集约化体系的成熟和推动，首先极大地影响和带动了亚洲尤其是靠石油暴富的中东国家，其次也影响欧洲、澳洲和少数风景迷人的非洲旧殖民地国家。

图1-14　美国某酒店内部

进入20世纪80年代以后，人们的生活内容随着"业余时间"和"信息"的增多而发生了变化，这不单纯是增加了对客房的需要，而且为广泛年龄段的人们带来了对宾馆的多方面需求。当然，作为生活多样化的基础，要有宾馆方面的经营战略作保证。同时又重新加大了朝着"高级化发展"的势头，大规模化宾馆的发展出现了逆转，这就是不拘泥于宾馆的规模大小，而以吸引顾客为目的，按照高级化的要求，把具有个性流行式样和具有独创性的理念作为招牌，吸引顾客。小规模宾馆的客房数量控制在10～20间，通过周到细腻的服务，向客人提供充满高级感的室内环境，如图1-15所示。

1840年鸦片战争以后，随着西方建筑技术与材料的传入，中国建筑发生了深刻的变革，逐渐摆脱低层木结构的模式，改用砖、钢、混凝土和新的结构体系，开始进行高层建筑，发生了质的飞跃。当时我国新建的一批大饭店，其规模大大超过了历代馆舍，造型突出，装修技艺精致，材料触工标准高，设备设施先进。这些饭店建筑大多请外国建筑师设计，如1206，建于上海的汇中饭店（现上海和平饭店南楼）属文艺复兴建筑风格；1928年落成的上海和平饭店是现代主义建筑风格的典范；1934年建成的上海国际饭店，面积紧凑，具有注重效益的商业饭店特色。1900年建成的北京饭店（现北京饭店老楼）则属古典西洋式的风格，当时在北京独树一帜。这些大饭店可谓是我国近代建筑发展的典型代表。

1982年我国合资兴建了第一家真正意义上的酒店——北京建国饭店。20世纪50年代兴建的北京友谊宾馆、北京饭店、国际饭店等，充分体现了中国民族传统形式的格调——庄重宏伟。这些酒店建筑多采用传统的宫殿屋顶、檐口与柱廊风格。

综上所述，酒店"成长阶段"的时间概念是由世界酒店业的总体状况来评估的，如果单纯从某一地区某一国家

图1-15 小规模的旅店，外面植物环绕，宜人清新

来看就会完全不同，因为不同国家的历史、文化、社会政治、经济发展都不相同，酒店产生的年代、演变的过程、发展的速度也就不同。例如在亚洲，日本、中国香港、新加坡、韩国的酒店建设阶段有些相近；中国、泰国、印度尼西亚、印度、马来西亚的酒店开发程度则另有相同之处。但仔细比较起来，又有很多具体的不同，包括国家之间文化背景和意识形态的差异以及对酒店投资方法和资产评价上的认知差异。

1.3.3 休闲及娱乐空间的衍生演变

休闲及娱乐空间设计，是一种以"休闲、舒适、娱乐、情趣、品味"为主题的空间设计方式。在工业革命和科技革命之后，人类进入休闲革命的时代，以提高大众生活质最为主题的服务消费市场将会成为国民经济的主导产业。

1.3.3.1 原始阶段

休闲及娱乐空间设计是近代工业文明的进程演变的产物，它发端于欧美，19世纪中叶初露端倪。自18世纪的休闲及娱乐空间设计，包括赌场、迪厅、音乐厅及咖啡馆，延续至19世纪的假日旅游业。

休闲类的桑拿文明可谓由来已久，对于其起源，说法不一，但比较一致的说法是起源于古罗马。当时的古罗马人出于强身健体之目的，用木炭和火山石获取热量健身，这就是传统桑拿的雏形。但以桑拿闻名的确是芬兰，我们现在所说的桑拿（SAUNA）就是芬兰语，有2000年以上的历史，原意是指"一个没有窗子的小木屋"。早期的芬兰人加热石块并不是为了洗桑拿浴，而是为了在天寒地冻的冬夜里，不用整夜地照看炉火，也能靠大堆被加热、储蓄了大量热量的石块维持室内的温度。于是很多人家在屋里靠近天花板的角落

建造了小平台，来享受热蒸汽带给他们的温暖、惬意，与此同时桑拿房除了取暖之处还有其他重要的功能，如用来烘亚麻、熏肉、烤肉、准备酿酒的麦芽等。

1.3.3.2 成形阶段

进入20世纪，随着科学技术的快速发展，休闲及娱乐空间在20世纪70年代进入快速发展时期。现代人的休闲观几乎是与各类休闲及娱乐产业同时产生的。以美国1990年为例，全美国消费者在娱乐性商品和服务方面总共花掉了2800亿美元，占全部消费开支的7%。有1/3以上花在了休闲及娱乐上。在这种靠消费驱动的经济模式中，休闲及娱乐已成为美国第一位的经济活动。近十几年来，发达国家的休闲及娱乐产业进入高速发展的新时期，随着工作时间的减少，共享工作已应运而生，例如，在美国、法国、德国等国家目前正普遍实行各种工作制。政府认为：缩短工作时间，可以减少失业，政府以较少的财政支出争取公众和个人的更大支持，使休闲产业发展更快。

种种迹象表明，为休闲及娱乐而进行的各类生产活动和服务活动正在日益成为经济繁荣的重要因素，特别是在大中城市中，各类休闲活动已成为经济活动得以运行的基本条件。人类对进步本身的看法正在发生根本的变化。传统意义上的进步往往意味着物质生活水平的不断提高，时至今日，物质财富的极大满足，促使人们渴望追求充实的精神生活。进步将越来越意味着不断地提高生命质量，讲求生活品位，而且希望以一种更为健康的方式生存下去。几百年来，人类一直在致力于改造世界，而在新的世纪中，人类将会更多地致力于去改造自身。

从我国发展情况看，随着人民生活水平的提高及劳动时间的缩短，休闲及娱乐空间已逐渐成为人民生活的必需。休闲及娱乐空间设计就是顺应时代的需要而产生的，诞生于这个紧张、快节奏的，充满竞争压力的社会环境中，它不仅起到连接精神文明与物质文明的桥梁作用，同时还要满足人们寄希望于通过设计来减轻压力，调节身心的愿望。轻松的休闲放松环境带给人身心愉悦的感受，可以减轻日常紧张工作所带给人们的精神压力，因此，休闲及娱乐空间无论是对经营者还是对设计者而言，其所承载的使命更多的是精神层面的需求。要想获得身心放松，获取精神享受，就必须要有各种各样的历史文化、民族文化、中外文化来营造氛围。这就对经营者和设计师提出了更高的要求，要求我们对其风格特征、潜在的顾客以及市场前景进行深入地了解与研究。

1.4 商业空间的发展趋势

1.4.1 低碳原则

低碳意指较低（更低）的温室气体（二氧化碳为主）的排放。随着世界工业经济的发展、人口的剧增、人类欲望的无限上升和生产生活方式的无节制变化，世界气候面临越来越多的问题，二氧化碳排放量越来越大，地球臭氧层正遭受前所未有的危机。全球灾难性气候变化屡屡出现，已经严重危害到人类的生存环境和健康安全，即使人类曾经引以为豪的高速增长或膨胀的GDP也因为环境污染、气候变化而大打折扣（也因此，各国曾呼唤"绿色GDP"的发展模式和统计方式）。

1.4.1.1 低碳环境

人类生存在地球的环境空间里,一切活动的目的只是考虑自身的舒适与满足,很少顾及与我们共生的其他生命及整个自然环境的现状。无所顾忌地开发、开采,在消费、消耗天然能量的同时,释放出大量的二氧化碳。使地球的生态平衡造成严重的破坏,从而引发了各种自然灾害。于是,环境问题已经成为当今影响人类生存和发展的焦点问题。2009年年底,联合国在瑞士首都哥本哈根召开了有史以来规模最大的一次环境气候大会,为今后全球各国共同应对温室气体谋求方法。据此,人类生活产生了一个新的生活方式观念,即"低碳生活"。

1.4.1.2 低碳经济

所谓低碳经济,就是指在可持续发展理念指导下,通过技术创新、制度创新、产业转型、新能源开发等多种手段,尽可能地减少煤炭石油等高碳能源消耗,减少温室气体排放,达到经济社会发展与生态环境保护双赢的一种经济发展形态。发展低碳经济,一方面是积极承担环境保护责任,完成国家节能降耗指标的要求;另一方面是调整经济结构,提高能源利用效益,发展新兴工业,建设生态文明。

在这种低碳经济的模式下,我们倡导一种从自己的生活习惯做起,控制或者注意个人的二氧化碳排放量,让全球二氧化碳的排放量降低,让生活更健康、更自然、更安全,同时降低成本、减少代价,这就是低碳生活。简单理解,低碳生活就是返璞归真地去进行人与自然的活动。建筑装修行业,本身来说就是一个高能耗高排碳的产业,他又与人类生活的各个方面密切相关,因此更应该开辟一条走向低碳环保的产业道路,这就给装修行业和设计师提出了新的任务和挑战。

科学家发现,近200年来空气中的二氧化碳含量已经上升了30%,严酷的现实告诉我们,人类必须认真考虑对自然环境的保护;节能减排是当今我们经济发展中的重要任务,而低碳经济是目前全世界关注的话题,低碳生活从此也成为新的全球流行语,从而在全球日益重视的低碳经济中,设计师的责任亦摆在眼前。

1.4.1.3 商业环境的低碳

在商业空间设计领域,材料的更新已更加强调无污染与无公害。从黏合剂到现场施工的工艺操作,均须考虑到健康设计的问题。另外,对旧的建筑材料的再次使用也逐步被人们所提倡和接受。设计工作应该成为"减碳"的重要角色,因为商业设计工作不仅是为人们的社会生活增加艺术情趣,更会直接影响人们的生活行为甚至是生活习惯。

目前,欧盟、美国、日本都将建筑业列入低碳经济、促进节能和克服金融危机的重点领域。欧洲近年流行的被动节能建筑,它可以在几乎不利用人工能源的基础上,依然能够使商业空间环境能源供应达到人类正常的生活需要。美国实验室主要研究领域之一就涉及商业环境的节能低碳,德国的建筑研究所把建筑热工学、建筑声学与商业空间设计有机结合起来。在日本建筑师看来,低碳建筑并不是一个新名词,他们早在20年前就开始在商业建筑界践行。

1.4.2 多元化

1.4.2.1 个性化与大众化

艺术性个性化主题商业空间已不只是一种单纯的口号,它已成为一种生活方式的体验。货品的多寡与否在很多时候并不重要，购物行为与商业模式也不只是金钱交易，它已更深一层地代表着人与人之间的交流融通，各类个性化的餐馆就是很好的写照。

而另一方面，商业的大众化、传统模式的应用也被演绎得淋漓尽致。当然这也代表了另类消费者的需求和商业活动中的市场定位。

1.4.2.2 艺术化与生活化

受经济增长的驱使及人们艺术欣赏水平提高等因素的影响，另类的商业环境也大行其道。如可以自己参与制作的陶吧、专业特色鲜明的画廊、品味文化和感受清净的茶馆等等已成为很多人的生活消费必需。这些艺术化的商业环境是和生活方式的变化及时代的需求紧密相关的。同时也反映出了传统生活方式与消费活动的互动性关系，从艺术的角度出发则代表着人们对生活层次的追求、人本情感的宣泄和自我表现的渴望。

1.4.2.3 国际化与本土化

目前很多商业环境空间设计融合了地方风土文化与国际化设计语言，各类艺术形式均有表现，具体到现代商业空间设计中则更多地体现在设计元素的应用上，如印尼巴厘岛的风土美质举世闻名，而其成功之精髓不在于其现代化的设施而在于其将本土文化融入各项商业空间建设之中。当然还有很多商业模式与空间环境仍停留在初级层面。如何将商业环境设计中的本土化、民族化元素和国际化元素相结合将是今后商业空间活动的发展重点。

★ 课后任务

选定设计课题为《社会调查》，要求学生到周边的商业场所实地考察，根据亲身感受，就课程内容中的一个或两个知识点，谈自己的看法或理解。

★ 推荐阅读

1.［英］弗雷德·劳森编著.饭店、俱乐部及酒吧.张秋艳译.大连：大连理工大学出版社，2007

2.［英］弗雷德·劳森编著.酒店与度假村规划、设计和重建.王小兰译.大连：大连理工大学出版社，2003

3.［美］约翰·派尔著.世界室内设计史.刘先觉，陈宇琳等译.北京：中国建筑工业出版社，2003

4.［日］藤江澄夫著.商业设施.北京：中国建筑工业出版社，2002

第2单元　商业空间的业态与分类

授课形式：（1）计算机及多媒体教学。
　　　　　　（2）社会实践。
学习目的：（1）了解商业空间的定义及商业步行街、商业环境的重要性。
　　　　　　（2）掌握商业展卖空间定义及分类。
　　　　　　（3）掌握餐饮空间的定义及不同分类。
　　　　　　（4）掌握休闲、娱乐空间的不同类型。
　　　　　　（5）掌握酒店空间的不同类型。
学习重点：掌握各种商业空间类型的特点。

2.1 商业展卖空间的业态与分类

商业展卖空间的业态也称为零售业态，零售业态是指零售企业为满足不同的消费需求而形成的不同的经营形态。零售业态的分类主要依据零售业的选址、规模、目标顾客、商品结构、店堂设施、经营方式、服务功能等确定。零售业的主要业态有：百货店、超级市场、大型综合超市、便利店、仓储式商场、专业店、专卖店、购物中心等。如图 2-1、图 2-2 所示。

2.1.1 商业展卖空间的业态

1. 自营模式

商场将自己生产或采购的商品进行销售而获取利润。如沃尔玛和屈臣氏，不仅通过其全球采购系统，在全世界批量低价采购所需商品用于销售。而且都有自己的同名品牌商品在店内销售，通过他们的商标注册权限和生产权限在一些生产加工基地直接生产所需商品用于销售。

2. 联营模式

选择和生产或代理厂商合作经营，零售商提供场地设备和商业管理并代理收银，生产或代理商提供品牌形象装修、商品和销售人员，零售商按照每月实际的营业额提取 10%～30% 的利润抽成，其余货款按月结算给对方，大部分的百货商场都采用此种方式经营，风险小、获利高，收益稳定。

图 2-1 美国某商场内店铺，商品中凝聚着越来越丰厚的地域文化内涵，通过商业环境将其展示出来

图 2-2 美国某商场内店铺呈现各异的工艺用品，不同的地域有不同的地域风格

3. 代销模式

由零售商提供销售场地，进行经营管理、货架陈列，安排销售人员，统一收银，厂商只需提供商品，按照销售量结算的一种模式，商场一般按照厂商提供商品的成本价顺加

10%～15%的利润抽成，一般的生活超市较多采用此方式。

4. 租赁模式

一般商场除了各类商品销售的布局之外，须附加有部分服务性的经营项目如餐饮、美食、美容健身、影楼影院等来带动人气和客流，此类项目经营的场地和设施要求较特殊，商场一般将某些局部如顶楼、拐角出租给上述经营者，由其自行经营管理。商场收取租金但仍然对其日常运作进行监督和协调，使其独立营运但又统一到商场的整体运作中去。

5. 连锁经营模式

连锁经营一般是指经营同类商品或服务的若干个店铺，以一定的形式组合成一个联合体，在整体规划下进行专业化分工，并在分工的基础上实施集中化管理，使复杂的商业活动简单化，以获取规模效益。

2.1.2 商业展卖空间的分类

2.1.2.1 专卖店

专卖店是专门经营或授权经营某一主要品牌商品（制造商品牌和中间商品牌）为主的零售业态。一般选址于繁华商业区、商店街或百货店、购物中心内；营业面积根据经营商品的特点而定；以著名品牌、大众品牌为主；销售体现量小、质优、高毛利；采取定价销售和开架面售，店面装饰讲究；注重品牌名声，从业人员必须具备丰富的专业知识，并提供专业知识性服务。如图2-3～图2-6所示。

图2-3 专卖店以重色为其主色调，吊顶与地面形式上呼应

图2-4 专卖店空间设计的最显著特征是追求经营的整体性与环境的整体性协调一致，也就是内容和形式的一致

图2-5 美国某专卖店讲究的店面装饰。该店的入口简洁、现代，完全开敞在顾客进入商店之前就已经能够领略到商品内容，了解商品信息

图2-6 法国巴黎某专卖店。视觉景观使顾客对商品的功能属性、人文属性有深入地了解，树立商家的企业形象

2000年5月19日，国家技术监督局发布了《零售业分类》（GB/T18106—2000）国家标准，该《标准》定义专卖店（Exclusive Shop）为专门经营或授权经营制造商品牌和中间商品牌的零售业态，并总结了专卖店业态结构特点为如下7条。

（1）采取定价销售和开架面售，亦可开展连锁经营。

（2）商品结构以企业品牌为主，销售体现量少、质优、高毛利的特点。

（3）注重品牌声誉，从业人员必须具备丰富的专业知识，并提供专业知识服务。

（4）选址在繁荣商业区、商店街或百货店、购物中心内。

（5）商圈范围不定。

（6）营业面积根据经营商品的特点而定。

（7）目标顾客以中青年为主，商店的陈列、照明、包装、广告讲究。

2.1.2.2 超市

超市的特点是采用开放式货架经营的方式，经营品种主要是家庭日常必需品，通常毛利率较低，但顾客购物频率高于其他业态的商场，因此客流量相对较高。

1. 超级市场

超级市场一般采取自选销售方式，以销售生鲜商品、食品和向顾客提供日常必需品为主要目的的零售业态，如图2-7所示。

超级市场的特点主要表现在以下几个方面。

（1）选址在居民区、交通要道和商业区。

（2）以居民为主要销售对象，10分钟左右可到达。

（3）商店营业面积在500m^2以上。

（4）商品构成以购买频率高的商品为主。

（5）采取自选销售方式，出入口分设，结算由设在出口处的收银机统一进行。

（6）营业时间每天不低于11小时。

（7）配备有一定面积的停车场地。

图2-7 超级市场内的开放式销售区

2. 大型综合超市

大型综合超市是指采取自选销售方式，以销售大众化实用品为主，满足顾客一次性购买需求的零售业态。大型综合超市特点主要表现在以下几个方面。

（1）选址在城乡结合部、住宅区和交通要道。

（2）商店营业面积2500m^2以上。

（3）商品构成为衣、食、用品齐全，重视本企业的品牌开发。

（4）采取自选销售方式。

（5）配有与商店营业面积相适应的停车场。

3. 便利店

便利店（方便店）是以满足顾客便利性需求为主要目的的零售业态，如图2-8所示。便利店（方便店）的特点主要表现在以下几个方面。

（1）选址在居民住宅区、主干线公路边及车站、医院、娱乐场所、机关、团体和企事业所在地。

（2）商店营业面积在 $100m^2$ 左右，营业面积利用率高。

（3）居发徒步购物 5～7 分钟可到达，80% 的顾客为有目的地购买。

（4）商品结构以速成食品、饮料、小百货为主，有即时消费性、小容量、应急性等特点。

（5）营业时间长，一般在 10 小时以上，甚至 24 小时，终年无休息日。

（6）以开架自选货为主，结算在收银机处统一进行。

2.1.2.3　百货店

目前国家质量监督检验检疫总局、国家标准化管理委员会联合颁布的国家标准《零售业态分类》（GB/T18106—2004）中，将百货店定义为"在一个建筑物内，经营若干大类商品，实行统一管理，分区销售，满足顾客对时尚商品多样化选择需求的零售业态"。百货店是综合性零售业态，应当从服务人群的细分化，体现其个性定位。如图2-9、图2-10所示。

图2-8　商品供顾客自选的开架式便利店

图2-9　上海徐家汇在环境优美，设计精良的购物空间里，柜台、货架、模特展柜都是分隔空间的道具

图2-10　美国某百货店内服装店的现代商业道具形态趋于简洁，以衬托商品，功能灵活，多为可调整式

百货店的特点主要表现在以下几方面。

（1）选址在城市繁华区、交通要道。

（2）商店规模大，营业面积在 $5000m^2$ 以上。

（3）商品结构以经营男装、女装、儿童服装服饰，衣料、家庭用品为主，种类齐全、小批量、高毛利。

（4）商店设施豪华，店堂典雅、明快。

（5）采取柜台销售与自选（开架）销售相结合方式。

（6）采取定价销售，可以退货。

（7）服务功能齐全。

2.1.2.4 购物中心

《零售业态分类》(GB/T18106—2004)中,将购物中心定义为:"多种零售店铺、服务设施集中在由企业有计划地开发、管理、运营的一种建筑物内或一个区域内,向消费者提供综合性服务的商业集合体。"购物中心是情况最为复杂的业态,各类购物中心千差万别,定位模式多种多样,比较主要的购物中心定位可归纳为休闲娱乐型、主题购物型、生活邻里型三种。

购物中心多由一家或几家大中型商场或商城和各类商业空间及配套设施组成,一般集中在一幢或几幢大的建筑中,采用以室内为主的复合建筑空间类型,具有多种功能要求,顾客可领略各个商业空间的个性艺术气氛,在其中享受群聚、交往的乐趣,逛街、购物、娱乐、饮食均较为便利。购物中心在设计中应考虑商品流通的特点,为了激发顾客潜在的购买欲,美化购物环境,调动一切手段,创造形式与内容丰富多彩又各具特色的室内外环境,适应不同层次、年龄、性别的顾客需要,并朝着复合化、集约化、巨型化方向发展,形成高度综合性的大规模商业空间。同时,还增加了现代生活不可缺少的内容,如自助餐厅、咖啡茶座、影视厅、儿童游戏场、娱乐中心等,使购物中心成为具有多种功能、多项活动的现代化综合性商业中心,如图2-11~图2-13所示。

图2-11 上海徐家汇购物中心

图2-12 马来西亚某购物中心

图2-13 在高科技和市场经济迅速发展的形式下,企业的文化越来越广泛地渗透到商业空间的视觉形象艺术设计中

购物中心的特点主要体现在以下几方面。

(1)由发起者有计划地开设,实行商业型公司管理,中心内设商店管理委员会,开展广告宣传等共同活动,实行统一管理。

(2)内部结构由百货店或超级市场作为核心店,与各类专业店、专卖店等零售业态和餐饮、娱乐设施共同构成。

(3)服务功能齐全,集零售、餐饮、娱乐为一体。根据销售面积,设相应规模的停车场。

（4）选址为中心商业区或城乡结合部的交通要道。

（5）商圈根据不同经营规模、经营商品而定。

（6）设施豪华、店堂典雅、宽敞明亮，实行卖场租赁制。

（7）目标顾客，以流动顾客为主。

（8）根据选址和商圈不同，购物中心可分为近邻型、社区型、区域型、超区域型种类。

（9）核心店的面积一般不超过购物中心面积的80%。

2.1.2.5　商业环境与步行街

通常所说的商业外部空间主要是指：商店建筑之外的，依托于商店建筑的室外空间。它是人们有目的、有计划地从自然环境中界定出来，并且加以设计改造的，同时又具有商业实用性和观赏性的外部环境。其特征表现在：①无天花、顶棚的限制，靠地域和建筑的围闭确定其环境特征；②外部空间是有其单体形态（山石、树木、花草、雕塑、设施和小品等）和群体团形态（建筑、景观）限定构成的，如图2-14所示。

图2-14　商业步行街

通常情况下，店面入口、店前广场及商业步行街等，构成了商业外部空间。因此，商业外部空间就环境构成而言，包括自然要素和人文要素。在这里，自然要素主要指地质形态、植被资源等；人文要素则主要指人工建设的建筑、道路、设施和造景等。然而，由于自然形态资源丰富多样，使得商业外部空间的视觉想象力和设计方案可以丰富多彩。

商业外部空间通常包括店面入口、店前广场及商业步行街等，就环境构成而言包括自然要素和人文要素。自然要素主要指地质形态、植被资源等；人文要素则主要指人工建设的建筑、道路、设施、造景等。由于自然形态资源的多样性，使得商业外部空间的视觉想象力和设计方案可以丰富多彩，如图2-15、图2-16所示。

图2-15　商业步行街上的小品设计　　　　　　　　图2-16　商业步行街上的设施、造景

1.商业外部空间的类型

商业外部空间的构成分为收敛型和扩散型。

图 2-17 收敛型外部空间广场

（1）收敛型构成形式是指空间周围具有鲜明的界限范围，并从外围向中心进行分割组织的空间形式，店前广场一般属于此种类型的构成形式，如图 2-17 所示。围合空间的中心空间是充实的积极空间，即意味着此类空间能满足人们的空间需求，在组织的过程中是按照一定的目的由外向内进行构筑的。

收敛构成的方法是分区组织，即在具有明确界限范围的空间中相据功能需要进行分区，再根据"人"这一主题在各部分中的活动规律进行空间细分，最后再将被明确的各区域联系起来，使之成为流动的整体。收敛构成的积极性空间包括各种不同的构成形式，如由内空体围合而成的封闭式外空间构成，由空间围合实体或内空体的敞开式外空间构成。

（2）扩散型构成形式是围绕建筑空间展开，构成各类展开式的空间组织形式，主要包括均匀分布式和中心式，形式上有放射形、矩形、星形、环形、直线形、树枝形、卫星形和自由形等，均是依据人们在空间中的活动路线的时序作为其构成骨架的。

2. 商业步行街规划的设计原则

商业步行街应该考虑建在人流密度大，相对中心的城区，但又不能以牺牲周围环境、交通为代价。同时，应有明确的主题定位，并与自身情况和周边城市环境相呼应。街道空间设计是商业步行街成败的关键。商业店铺的集中形成了室外购物、休闲、餐饮等功能空间，这就是商业步行街的本质——室内商业活动沿店铺的街道空间向室外的延伸。由此决定了其设计的核心就是让空间变得有用而舒适，为商业活动中的人服务，如图 2-18 ~ 图 2-20 所示。商业步行街并不是规模越大，街道越长越好。过于庞大的规模往往会给行人一种难以亲近的感觉，而且对于行人的体力也是很大的考验。一般来说，商业步行街应该控制在 300m 左右，对于某些大城市的一些大型的商业步行街也应控制在 1000m 以内，宽度应该控制在 20 ~ 25m。街道两旁的建筑物一定不能太高，一般不要超过三层。过高的建筑物摆在步行街并不宽的街道两旁，会给行人带来压抑的感觉。同时，从心理学角度来说，人们倾向于平行的移动，对于垂直方向的移动，在不必要的情况下，人们会选择避免发生。所以，高层建筑的商家在商业步行街上往往成了摆设，并没有多少商机可言。

商业步行街应该尽量营造良好的购物环境，激发行人的购买欲望，这样才能达到商业性的目的。这里所指的购物环境，主要包括商业步行街的整体特色，商业布局等客观环境。商业步行街应该以明亮、暖性的颜色为整体基调。因为暖性的颜色容易使人兴奋，激发购物欲望。同时，商业布局应做到错落有致，不应该布置成在一家商店就能把顾客所需的所有物品都购买到。

图 2-18 商业街入口处景观小品

图 2-19　商业步行街水景设计　　　　　　　　　　　　图 2-20　商业步行街一隅

步行商业街的开发与形成是现代城市商业中心的重要组成部分，体现了现代城市基本职能的重要方面。它是在一定政治、经济、自然、社会、历史、发展和文化传统等因素制约下，商品经济日益发达过程在城市中的反映。它具有功能上的综合性、构成上的系统性、环境空间上的识别性和交通联系上的易达性等明显特征。商业步行街在规划设计的过程中，应充分考虑到顾客的需要，同时要兼顾到不同层次、不同类型顾客的需要，例如老人、儿童和残疾人，体现出"以人为本"的设计理念。可以通过很多细小的设计体现这种对人的关怀，如：增设盲道、无障碍通道、设立饮设施等。步行商业街的发展是城市动态演进过程中，各项制约因素综合作用的结果，有必然的内在联系。因此，步行街的区位确定与设计，应注意这些宏观因素所起的作用与影响。例如：上海南京路、北京王府井、南京夫子庙商业街。

2.2　酒店空间的业态与分类

2.2.1　酒店空间的业态

在多数发达国家，酒店住宿的典型特征是家庭经营的小型酒店、旅社和客舍所占比例比较大。新建酒店的规模大多数处于中型和大型之间，这种规模正好迎合了商业投资和集团经营的需求。尽管较大的规模可实现酒店经营中的费用节约并能够带来营销方面的优势，但能够实现人员配备最高效率的酒店规模通常在 200 间客房左右（经济型或中等收费水平的酒店则为 120 间客房）。在黄金地段（市中心度假胜地），购买土地的高额成本往往也决定了取得有效的成本和房间比例所需的酒店的最小规模。

为识别特定的细分市场、优化设施和投资范围，酒店集团不断地把所属的酒店按照市场层次水平进行分类，可分为：豪华型、中等价位型、经济型、度假区型。

而按照空间设计的角度，酒店又可分为主题型、商务型、度假型、精品型、经济型酒店等。此部分内容详见 5.2.2 节，此处仅简略介绍。

2.2.2 酒店空间的分类

1. 主题型酒店

主题的介入，使空间产生了场域效应，并借助于设计元素、设计符号的象征意义叙述着空间的思想和情感。

可以根据著名的历史典故、民间传说、童话和卡通题材甚至专门编创的故事，也可以选择某种具有鲜明文化特征和自然地理特征的"热点"地域和城市背景，以此作为酒店的文化主题并从这个主题中挖掘尽可能多的创作素材、设计元素和艺术符号，如图2-21～图2-23所示。

图2-21 北京"长城脚下的公社"入口设计

图2-22 北京"长城脚下的公社"内部场景

图2-23 北京"长城脚下的公社"客房内部装饰

2. 商务型酒店

商务型酒店又称城市商务酒店，和城市豪华酒店的概念截然不同，如图2-24和图2-25所示。

图2-24 凯宾斯基酒店大堂

图2-25 凯宾斯基酒店等候区

3. 度假型酒店

地处度假区的酒店各式各样，既反映了当地的旅游特色又迎合了市场的需求。同商业中心区的会议酒店比较，郊区和景区的休闲酒店增加了度假的内容。尤为特别的是：许多新建度假区的开发提供了除酒店服务以外的居住产权（共同房产管理、分时度假和居住住宅）和自助餐饮的选择。如图 2-26 所示。

4. 精品酒店

精品酒店（Boutique Hotel）是一种独特的酒店类型，其基本定位和功能在世界酒店行业中已获得比较广泛的共识，如图 2-27 所示。

图 2-26　曼谷香格里拉酒店

图 2-27　阿联酋宫殿酒店 Mezzaluna 餐厅

5. 经济型酒店与汽车酒店

经济型酒店又称有限服务酒店，其最大的特点是房价便宜，其服务模式为"b&b"（住宿＋早餐）。经济型酒店有着巨大的市场潜力，具有低投入、高回报、周期短等突出的优点。

汽车酒店，以前是指没有房间的旅馆，可以停车，而人就在汽车内睡，只不过比停在外面多了层保护而已。现在的汽车酒店是指专业提供便捷、经济、舒适的酒店服务，他们主要的服务目标群体是那些出差和自驾游的旅客等。

2.3　餐饮空间的业态与分类

2.3.1　餐饮空间的业态

餐饮业是指利用餐饮设备、场所和餐饮原料，从事饮食烹饪、加工，为社会生活服务的生产经营性服务行业。

因此，餐饮空间的设计概念就不同于建筑设计和一般的公共空间设计。在餐饮空间中，人们需要的不仅是美味的食品，更需要的是一种使人身心彻底放松的气氛，可以让人暂时抛开烦恼的环境。同时，餐饮空间的设计强调的是一种文化氛围，是一种人们在满足温饱之后，更高的精神追求。从某种意义上讲，餐饮空间设计作为一种审美文化的创造活动，不能仅仅简单地满足纯功能上的要求，在它完成功能目的与表达意义之外，还要具有能够展示其他多方面含义的特性，更加需要创造某种形式因素的视觉语言环境。这种

图2-28 充满历史意味的餐饮环境

视觉语言环境的表达构成了休闲餐饮空间整体形式的风格特征，同时，也揭示了室内空间的整体视觉效果与思维的内在关系和规律。正是这些规律的出现，在人们与室内空间之间架起了一座桥梁，把物理的、生理的、心理的、精神的这些不同领域的现象巧妙地连为一体。在某种程度上可以说，餐饮空间设计是在特定的历史文化语境影响下的选择性创造，如图2-28所示。

餐饮空间组成要素如下：

（1）必须要有餐食或饮料提供。

（2）有足够令人放松精神的环境或气氛。

（3）有固定场所，能满足顾客差异化的需求与期望，并使经营者实现特定的经营目标与利润。

而提供餐饮的场所，古今中外有很多称呼，如酒馆，餐馆，菜馆，饮食店，餐厅等，如图2-29～图2-35所示。例如，英文中的Restaurant一词，据法国百科大辞典的解释，意为使人恢复精神与气力的意思。那么，同理可知，帮助人们恢复精神与精力的方法，大抵与进食和休息有关，于是，在西方开始有人以Restaurant为名称，在特定场所为人们提供餐食、点心、饮料，使招徕的客人得到充分的休息以恢复精神和体力。最后，在这样的一种方式下进行营业运作，便是西方餐饮业的雏形。

图2-29 西式餐饮空间

图2-30 白色清新的快餐空间

图2-31 中式茶楼

图2-32 运用高科技手法与材料设计的现代餐厅

图 2-33 某购物中心咖啡区

图 2-34 酒吧空间

图 2-35 咖啡厅用餐区

2.3.2 餐饮空间的分类

餐饮空间按照不同的分类标准可以分成若干类型。首先，顾名思义，"餐"代表餐厅与餐馆，而"饮"则包含西式的酒吧与咖啡厅，以及中式的茶室、茶楼等，如图 2-36 和图 2-37 所示。其次，餐饮空间的分类标准包括经营内容、经营性质、规模大小及其布置类型等。

图 2-36 中式茶楼

图 2-37 茶室

2.3.2.1 中餐厅

中餐厅是宾馆、饭店和老字号特色饭店的主要餐饮场所,以品尝中国菜肴、领略中华文化和民俗为目的。其装饰风格、室内特色及家具与餐具、灯饰与工艺品,甚至服务人员的服装等都应围绕文化与民俗展开设计创意与构思。如图2-38所示。

2.3.2.2 西餐厅

西餐厅泛指以品尝国外(主要是欧洲和北美)的饮食,体会异国餐饮情调为目的的餐厅。淡雅的色彩、柔和的光线、洁白的桌布、华贵的线脚、精致的餐具加上安宁的氛围、高雅的举止等共同构成了西式餐厅的特色。强调就餐时的私密性,一般团队就餐的习惯很少,因此,就餐单元常以2~6人为主,如图2-39和图2-40所示。

图2-38 中华民俗文化——大碗茶

图2-39 凯宾斯基二层西餐厅

图2-40 某西餐酒吧服务台

2.3.2.3 日式餐厅

日式餐厅以典雅、清丽、质朴的特色成为休闲餐饮空间常见的一种风格形式。日本传统审美思想中受禅宗的影响,推崇少而简约的风格,如图2-41所示。日本的美学传统重视细节、自然,讲究简单、朴素和精神含义,如图2-42所示。

图2-41 辉庭日本料理自然、朴素的店面设计

图2-42 辉庭日本料理入口处灯的造型

2.3.2.4 东南亚餐厅

东南亚餐厅注重与自然景观的紧密结合,将本土材料在建筑和室内装饰中的合理运用,体现本土文化艺术神秘色彩,如图2-43和图2-44所示。

图2-43 曼谷香格里拉大酒店浓厚的东南亚风格

图2-44 曼谷香格里拉大酒店内的灯饰设计

2.3.2.5 阿拉伯餐厅

阿拉伯餐厅注重伊斯兰艺术宗教统一性,讲究伊斯兰艺术特色鲜明,别具一格,如图2-45和图2-46所示。伊斯兰教吸收了早期阿拉伯人的审美观念,态度和情趣,并从理性上深化,以全新的世界观和人生观支配着穆斯林的审美心理。

图2-45 迪拜亚特兰蒂斯酒店内精美雕刻

图2-46 迪拜亚特兰蒂斯酒店入口处券拱的设计

2.4 休闲、娱乐空间的业态与分类

休闲、娱乐空间是指与人的休闲生活、休闲行为、休闲需求(物质的与精神的)密切相关的空间设计领域,涉及旅游业、娱乐业、服务业为龙头形成的经济形态和产业系统,休闲及娱乐空间设计不仅包括物质产品的生产,而且也为人的文化精神生活的追求提供保障。

休闲及娱乐项目由很多不同类型模式组成,娱乐业从最早期的歌舞厅、夜总会式歌剧院、迪斯科、综合性酒吧、丽人SHOW II E,到今天的夜总会、量贩KTV、娱乐会所、慢摇吧等，经历了一个漫长的过程。特别是在娱乐业不断成熟的今天，娱乐模式及消费群体的细分更加明显及专业化，所以在项目策划的时候首先必须要明确方向，确定娱乐的模式及不同的消费群体。因为它的功能、装饰风格、服务方式、经营理念都有着明显的区别，而前期的策划设计与以后的经营服务是分不开的，所以清楚地认识不同娱乐模式及区分不同的消费群体有利于整个项目的总体策划。

休闲、娱乐空间是营造空间的意念，通过一定的设计理念营造出某种氛围，是餐饮、休闲、娱乐空间语言语境体现的重要特征之一，作为设计语境的表现是设计者在设计过程中糅合了人们的文化观念，随着人们个性要求的改变，环境气氛的要求也会随之改变。无论是轻松活泼的酒吧，还是富丽明亮的餐饮、休闲、娱乐环境，环境形成总是与场所的性质联系在一起。由于人们在长期生活中的经验积累，对事物的知觉具有一定的恒常性，人们总是按生活的经验来预期相应的气氛，在餐饮、休闲、娱乐空间的语境营造中，设计师常常采用某种形态符号作为设计的母题。

休闲、娱乐空间一般可分为歌舞厅、KTV 空间、酒吧空间和洗浴空间，具体可参见第 5 单元。

★ 课后任务

每个同学收集 2 个商业展卖空间或者餐饮空间设计的案例，用文字和图片的形式表达，在课堂上为其他同学做讲解。

★ 推荐阅读

1. ［英］弗雷德·劳森编著. 饭店、俱乐部及酒吧. 张秋艳译. 大连：大连理工大学出版社，2007

2. ［英］弗雷德·劳森编著. 酒店与度假村规划、设计和重建. 王小兰译. 大连：大连理工大学出版社，2003

3. ［英］埃莉诺·柯蒂斯著. 酒店室内设计. 大连：大连理工大学出版社，2004

4. 王奕著. 酒店与酒店设计. 北京：中国水利水电出版社，2007

第3单元　设计与消费心理

授课形式：（1）计算机及多媒体教学。
　　　　　　（2）社会实践。
学习目的：（1）了解商业空间设计与消费者心理状态之间的联系。
　　　　　　（2）掌握不同类型市场的心理的特点。
学习重点：人性化商业空间设计的重要性。

对现代人活动行为的调查表明，绝大多数人一生中有 2/3 以上的时间是在各种各样的室内环境中度过的，所以室内环境对人的重要性是不言而喻的。严格地说，设计应该是艺术、科学与生活的整体性结合，是功能、形式与技术的总体性协调，通过物质条件的塑造与精神品质的追求，以创造人性化的生活环境为最高理想与最终目标。同时，室内设计的实质目标，不只是以服务于个别对象或发挥设计的功能为满足，其积极的意义在于掌握时代的特征、地域的特点和技术的可行，在深入了解历史财富、地方资源和环境特征后，塑造出一个合乎潮流又具有高层文化品质的生态科技含量的生活环境。

从消费者的心理需求和人机工学着手，即要有传统设计的亲切感，又要具备现代设计的科学因素。本章的学习目的是通过对现代科学技术和人性化设计进行探讨，使两者在相互融合中满足人们心理和空间环境的需求，满足深层次消费心理的需求，符合环境设计的发展趋势。现代的设计方式，是将抽象的概念用直观且典型的设计元素表现出来，成为表达空间性格的设计语言。然而，我们不能对现代设计潮流盲目跟从，争取最终设计既要有自己的历史文脉，又要和设计的人性化紧密贴切。由此观点可知，人性化的关怀很多是体现在细节上的，如空间使用的舒适程度，良好的就餐氛围，尺度的把握，空间布局，以及材料的运用，包括色彩、光线等安排都应按照人的生理和心理来考虑，如图 3-1 和图 3-2 所示。

图 3-1　某商店内部现代商业环境设计，不仅是生理、物理、视觉上的设计，更是心理、情感、文化上的设计

图 3-2　某商业街餐厅，体现出新型商业空间中物质、能量、信息、情感的相互交流

3.1　市场心理分析

马斯洛提出的需要层次论（1943 年）相对应的潜在市场可以分成五个层次：生理性需要、安全性需要、社交性需要、自尊审美性需要和自我实现需要。

1. 生活必需品市场心理

随着生活水平的提高，民众的生活方式、生活节奏在不断地发生改变。以生活必需品中的日用品类为例：牙具、洗漱品、儿童日用品、玩具等已经半成品化和成品化，这样就出现了新的生活用品，如图3-3所示。

2. 保健品市场心理

保健品市场是指为满足消费者的安全保健需求而形成的目标市场。产品主要有：药品、卫生用品、保健食品、保健器械、购买保险等。购买者主要注重的是"安全性"，这已经成为了保健品市场的必然趋势。

3. 社交类产品市场心理

礼服类服装、首饰、烟酒、糖茶、咖啡、礼品等均属于社交类产品市场的内容，如图3-4所示。这些用品一般包含在旅游、娱乐、参加舞会等功能之中。随着社会逐渐的老龄化，老年人的生活圈子也逐渐增大，于是开发老年用品市场也成为另一种新的趋势，老年社交类产品市场的开发前景一片光明。

图3-3 美国迪斯尼某商店内部百货店，以卡通形象米老鼠、彩灯、彩色气球装点商场，烘托节日气氛

图3-4 法国巴黎首饰专卖店通过橱窗艺术、展示艺术品等文化传播手段，展示修养与文明程度

4. 享受类产品市场心理

享受类产品的功能是指：为满足人们的自尊心、荣誉感之类的需求而产生的目标市场。例如：工艺品、古玩、美食、时装及高档耐用品等，如图3-5所示。

5. 发展类产品市场心理

发展类产品市场是指：为了满足人们所谓的"自我实现"的需求，即用以满足人们的个性发展和完善的需求而产生的产品。这类产品包括学习用品、各类书籍、用于智力开发和终身教育用品及具有个性的产品。一般来说，个人自我认知态度的核心是价值，对自我的认知态度来自于对自我的价值判断。

图3-5 阿拉伯工艺品店展示阿拉伯民间工艺，引人进入艺术殿堂

实际上，在现实生活中，很多人的性格特点并不是单一的，可能集两种或多种性格特点于一身。

3.2 设计与消费心理

1. 消费者性格及其消费心理

早期心理学家 G.W. 阿尔波特（G.W.Allport）等学者，根据人们所持的价值观把消费者划为 6 种性格类型：

理论型消费者：追求真理的人，他们面对事实，关心变化，胸怀宽阔。

经济型消费者：以效用和价值为生活准则的人。这种人价值意识强，只想买实惠的东西。

审美型消费者：以审美观点来衡量商品的价值，喜欢新的有变化的东西。

社会型消费者：接受他人影响而引起动机，选择倾向上服从集体标准的人。

权力型消费者：指对权力地位表示关心的人，喜欢炫耀优越感。

宗教型消费者：不太受"世俗标准"的约束，只选择符合他们信仰的商品或设计。

各种消费者的情况比较复杂：有的人是传统派，不易接受新产品；有的人因为信息不灵，知觉新产品较迟；还有的人因为没有购买新产品的需要或经济条件不允许等。商品生命周期中各类消费者特征及比例如表 3-1、表 3-2 所示。

表 3-1　　　　　　　　　各类消费者比例

产品生命周期	消费者类别	人数比例（%）
导入期	革新者	2.5
成长期	早期接受者	13.5
成长、成熟期	普及初期接受者	34.0
成熟期	普及后期接受者	34.0
衰退期	守旧期（期待更新的降价）	16.0

表 3-2　　　　　　　　　各类消费者个性特征

消费者组别	消费者个性特征
革新者	冒险性、独立性强（年轻人多，男士多）
早期接受者	受其他人尊敬，经常是公众意见的领导人（成本质量）
普及初期接受者	服从性强，愿意照别人的路子走（对成本、质量就更高）（对比）
普及后期接受者	怀疑论者
守旧者	遵从传统观念，当新事物失去新异性时才肯接受

由此可见，加强分析产品生命周期中消费者的行为规律，对商业环境的设计，无疑是非常重要的。

2. 影响新的设计理念扩散的因素

（1）社会经济因素。国内外研究表明，若经济发展繁荣，那么消费者收入水平提高，带来的影响就是新的设计理念和新产品扩散速度快；反之，则变慢。

（2）新的设计形式本身特征。鉴于生产模式优化和科技的进步，新产品、新理念的优越性往往非常明显。例如一种日用产品使用起来复杂与否、是否采用环保材料与工艺、是否承诺增加质保期等，都是其能否广泛地立足于市场的条件。

（3）传播渠道。新理念、新商品的传播方式主要由发布会、展销会和推销等具体手段和声讯、电视、网络等信息手段构成，值得一提的是新事物的优越性可以引发"受益群"的自发性传播，这样和以上的传播媒介共同组成了一种四维传播渠道。

（4）从众现象。对于一种新的设计，大量消费者因从众心理而受到不利于接受的因素干扰，这就要求以对应的方式予以弱化并解决，如图3-6所示。

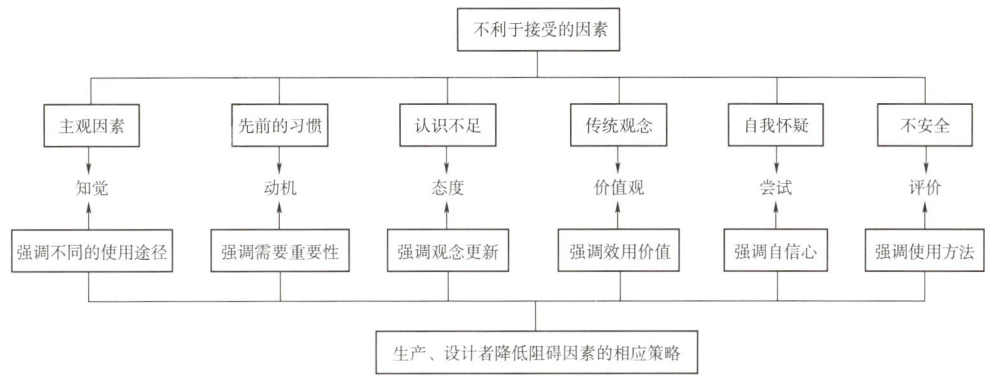

图3-6　消费者接受新设计过程的模型图

3.人性化设计

人性化设计是指在符合人们物质需求的基础上，加强精神和情感因素的设计。实际上，人类社会的发展过程在某种程度上，也可以说是人性化要求不断发展的过程，同时也是不断否定自我、超越自我的过程。由于人是空间环境的主体，因此想要在设计中突出人本主义的原则，就要充分考虑使用群体的需求，还要考虑不同年龄阶层的使用对象，以及正常人、残疾人的不同行为方式与心理状况等。

这样才能在设计中予以充分的体现、彰显功能空间的方便、快捷、舒适、安全等的人性化特点。然而，就空间环境而言，物质功能是最基本的功能，没有这一基本属性的空间，其存在就是毫无意义的，所以在此基础上创造空间的多义性和可变性，也是人性化发展的最好诠释。然而，空间形态的文化内涵和场所精神却是现代设计追求的方向之一，也是设计高附加值的体现。但是，人处于空间环境中，往往会受到多方面信息的影响，如空间的形态、光影、色彩、肌理等，正是这些信息影响着人们的视觉心理和行为心理，导致人们产生某种主题的联想，如图3-7所示。

图3-7　日本大阪商业街运用空间的地势形态及视觉心理和行为心理的人性化设计，给人以主题的联想

从设计发展的阶段性分析中不难看出，物质技术基础和社会意识形态是制约其进步发展的主要因素，同时也反映了不同时期的人们对空间的使用方式和审美情趣的主流意识。更为神奇的是，不同阶段的人们在与空间的功能属性、材料特点、结构方式、自然因素等的对话中找到设计的灵感，提出种种新的"概念"和"设想"，并在实践中将概念形态转化为现实形态，服务于社会，为公众所认可，这些都已经形成新的时尚潮流，成为新一轮的经典。

设计人性化的表现，包括以下4个方面。

（1）包容性。为所有人提供方便，无论其有无障碍。

（2）便利性。充分考虑人的行为能力，最简便、最省力、最安全、最准确的到达目的地。如物体的操作性、防疲劳、易识别、触感舒服、空间宽敞、获取信息方便。

（3）选择性。针对某一空间来说，并不追求其统一性标准，而是增加某适应性。

（4）经济性。抚平弱势与强势的差距室内空间的类型。

★ 课后任务

（1）每个同学收集一个人性化商业空间设计的案例，用文字与图片的形式表述。

（2）根据自己的对消费者心理状态的理解，设计一个小型的24小时超市的平面布局，面积为20m²，其余条件不限（手绘或者CAD表现均可）。

★ 推荐阅读

1. 洪麦恩，唐颖著.现代商业空间设计.北京：中国建筑工业出版社，2006
2. 周长亮，李远编著.商业空间设计.北京：中国电力出版社，2008
3. 周昕涛编著.商业空间设计.上海：人民美术出版社，2006
4. ［日］藤江澄夫著.商业设施.北京：中国建筑工业出版社，2002

Unit 4

第4单元　商业空间策划要素

授课形式：（1）计算机及多媒体教学。
　　　　　　（2）社会实践。
学习目的：（1）了解商业展卖空间的总体规划。
　　　　　　（2）掌握商业卖场空间的构成与设计原则。
学习重点：商业展卖空间的整体策划。

4.1　商业空间设计的前期策划

商业策划是一门以预测和定位为基础的学问，其作用是给商业成功起到点石成金的功效，它不但能给策划对象带来利益，而且还能够为策划者自身带来利益。通常情况下，我们所说的商业策划的主体是策划人或策划机构；客体是策划指向或策划标的；商业策划的要素包括策划过程、策划力和策划经费；商业策划的载体是策划方案。因为商业策划的内容非常广泛，大到城市商业空间的布局调整、现代化商业街区的建设，小到一个店铺的促销活动等，都需要商业策划尽一份力，所以好的、合适的、成功的商业策划不仅可以赢得顾客的认可，更能够给商家带来可观的效益。

从商业空间设计的整体质量考虑，美国商店规划设计师协会（ISP）提出了对商店室内设计评价的五项标准，在这个标准里，重点强调了商店规划的重要性，为设计者提供借鉴，如表4-1所示。

表4-1　　　　　　　　　　　室内设计评价标准

项目	内容
商店规划	铺面规划、经营及经济效益分析，客源分析等
视觉推销功能	以企业形象系统设计（CIS）、视觉设计（VI）等手段促销商品
照明设计	商店所选照明光源、照度、色温、显色指数、灯具造型等
造型艺术	商店整体艺术风格，店面、橱窗、室内各界面、道具、标示等造型设计
创新意义	整体设计中所具有的创新

1. 商业背景分析

在分析商业背景时，首先要详细地描述市场，包括主要的竞争对手，市场驱动力等；概述的部分应包括详细的商品、服务描述及如何满足一个关键的顾客需求；最重要的是一定要描述进入策略和市场开发策略。

2. 市场调查分析

在做市场前期调查和分析时，要注意以下几个方面的内容。

（1）顾客。

（2）市场容量和趋势。

（3）竞争和各自的竞争优势。

（4）估计的市场份额和销售额。

（5）市场发展的走势（对于新市场而言，这一点相当困难，但一定要力争贴近真实）。

3. 商业战略

商业战略包括以下3方面内容。

（1）营销计划。内容包括：定价和分销；广告和提升。

（2）规划和开发计划。内容包括：开发状态和目标；困难和风险。

（3）制造和操作计划。内容包括：操作周期；设备和改进。

4. 品牌文化的延伸

品牌文化，指通过赋予品牌深刻而丰富的文化内涵，建立鲜明的品牌定位，并充分利用各种强有效的内外部传播途径形成消费者对品牌在精神上的高度认同，创造品牌信仰，最终形成强烈的品牌忠诚。拥有品牌忠诚就可以赢得顾客忠诚，赢得稳定的市场，大大增强企业的竞争能力，为品牌战略的成功实施提供强有力的保障。

优秀的品牌文化是民族文化精神的高度提炼和人类美好价值观念的共同升华，凝结着时代文明发展的精髓，渗透着对亲情、友情、爱情和真情的深情赞颂，倡导健康向上、奋发有为的人生信条。优秀的品牌文化可以生生不息，经久不衰，引领时代的消费潮流，改变亿万人的生活方式，甚至塑造几代人的价值观。优秀的品牌文化可以以其独特的个性和风采，超越民族，超越国界，超越意识，使品牌深入人心，吸引全世界人民共同向往、共同消费。优秀的品牌文化可以赋予品牌强大的生命力和非凡的扩张能力，充分利用品牌的美誉度和知名度进行品牌延伸，进一步提高品牌的号召力和竞争力。最为重要的是，优秀的品牌文化还可以使消费者对其产品的消费成为一种文化的自觉，成为生活中不可或缺的内容。如美国人到异国他乡，一看到麦当劳就会不由自主地想去食用，最主要的原因并不是麦当劳的巨无霸特别适合他们的口味，而是内心潜在的一种文化认同的外在流露，认为麦当劳是美国文化的象征，使他们看到麦当劳就备感亲切，从而潜意识地产生消费欲望。正如劳伦斯·维森特在阐述传奇品牌的成功经验时指出的，这些品牌"蕴含的社会、文化价值和存在的价值构成了消费者纽带的基础"。图4-1～图4-3展示了迪拜帆船酒店内部贯穿如一的高档酒店品牌文化符号。

图4-1 迪拜帆船酒店大堂的天花符号

图4-2 迪拜帆船酒店大堂的整体符号

图4-3 迪拜帆船酒店内部墙体的符号

4.2 商业空间的周边环境分析

4.2.1 客源分析

客源分析是在基于分析设施种类、服务项目和经济收益等的情况,来预测顾客需求,如图 4-4 所示。

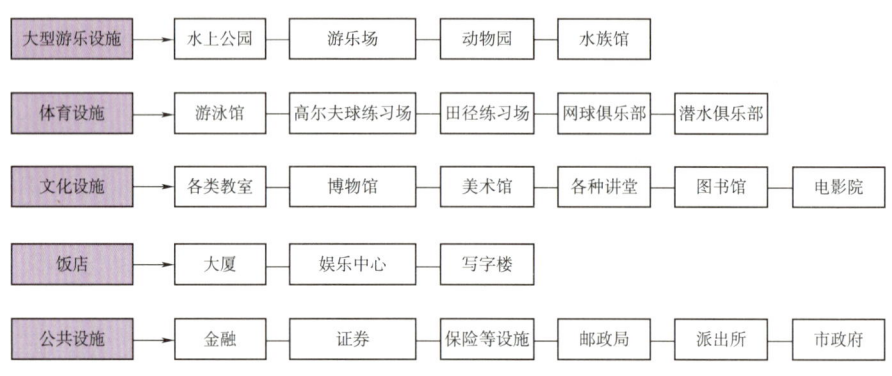

图 4-4 客源分析中的设施种类分析

4.2.2 商圈服务半径分析

所谓的商圈,就是指某一个商业设施能够吸引到顾客的范围。目前有多种有关设定、研究商圈的理论,但这些理论的核心内容与目的就是:根据市场调查、分析的结果,设定商圈,进行销售额的预测。一般的情况下,可以根据业态、规模、所在的地区情况,进行适当调整,设定出新店自身的商圈。

例如,以新店为中心,按照到达店铺所需时间设定出:

乘车 5 分钟以内可以到达的范围,就是 1 次商圈;乘车 15 分钟以内可以到达的范围,就是 2 次商圈;乘车 30 分钟以内可以到达的范围,就是 3 次商圈。有了这几类划分后,再加上竞争店、相关竞争商业设施聚集、道路交通状况等相关因素的影响,即可准确勾勒出 1～3 次商圈的最终范围。

4.2.3 经营业态与销售分析

经营业态与销售分析,如图 4-5 所示。

4.2.4 周边基础设施的分析

在制定商业设施的规划设计以前,一般要进行前期的市场调查、分析,之后再根据分析结果确定新设施作为零售业发展的可行性,然后再确定业态、设施规模等。通常的调查分析主要围绕以下内容进行。

周边基础设施分析如图 4-6 所示。

一般情况下,可以根据所收集到的文献资料和现状调查情况等,按照以下项目,对开设的新店做可行性的研究。

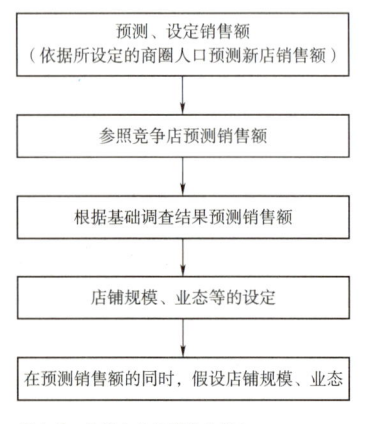

图 4-5 经营业态与销售分析

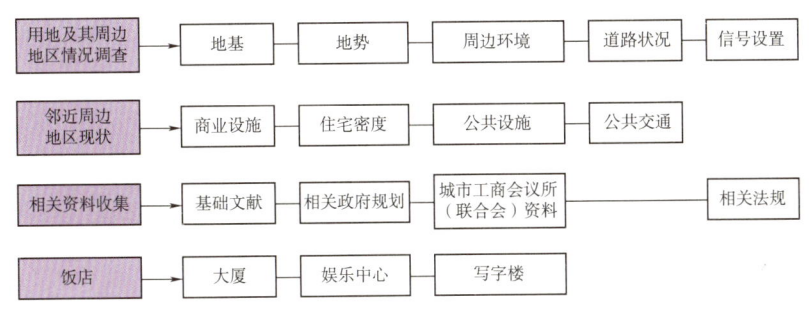

图 4-6 周边基础设施分析

1. 地区现状及发展趋势分析

（1）城市概况及其发展趋势。

（2）交通规划。

（3）主要道路规划。

（4）工业用地、流通业务用地、居住用地规划。

（5）城市再开发规划、城市土地区划分（土地整理区划）。

2. 地区零售业的现状分析

（1）现有大型店的实力分析：规模、主要设施、停车能力、招徕顾客手段及比重、零售总额。

（2）一般店铺的实力分析：对附近沿街店铺进行调查，分析顾客购物消费动向。

（3）饮食店分析：店内菜谱及特点，顾客平均消费单价、日客流量和营业额。

4.2.5　噪音分析与环保要求

1. 噪音分析

由于人民生活水平的提高，以及对日常生活等各方面的关注，噪音控制在现代建筑中显得日益重要。一般的噪音来源如图 4-7 所示。

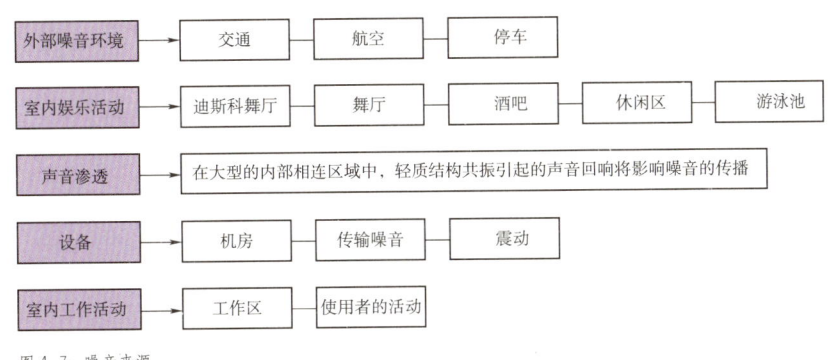

图 4-7　噪音来源

一般情况下，通过布局的分区、隔离和屏蔽等方式，可以把对相邻区域之间的噪音影响降到最低。例如，室内空间内降低噪音的做法包括以下几种。

（1）把客房从公共区域分隔开。

（2）把敏感区域从外部交通噪音中屏蔽开（天井设计、对窗户进行"阴影"处理）。

（3）工作区的集中和屏蔽。

还有些情况，例如那些拥有多种用途的房间容易产生这样的麻烦，它们既可能产生噪音（门砰砰作响、卧室里的高音广播），又可能对其他噪音敏感，所以对这样的空间做隔音处理就比较复杂。还有，例如多功能房间，在处理隔音效果时，也应隔音（演讲、研讨会），而且需要音响效果设计以避免由于延长的回音和不均衡的吸收所造成的音质变化。

2. 环保要求

按照国家的环保要求规定，引入空调场所内的新鲜空气通常不应低于每人 8L/s。对于天花高度，例如在大型舞厅内，造成的容积标准不对称的场所，可以采用 15.5L/m².s（见表 4-2）。

表 4-2　　　　　　　　　　　　每个房间的新鲜空气供给

房间	建议（L/s）1	（cfm）2	至少（L/s）1	（cfm）2
客房	12	30	8	25
公寓	12	20	8	15
餐馆	18	15	12	12
咖啡店	12	15	8	10
鸡尾酒吧	18	30	12	25
会议室	25	40	18	30
舞厅	12		8	
办公室	12	15	8	10
小型商场、商店	12	20	8	15

★ 课后任务

（1）每个同学收集一个企业品牌建立的案例，用文字与图片的形式表达。

（2）根据自己的爱好到周边的商圈进行调查，了解周边的商圈基础设施建设情况。

★ 推荐阅读

1. 洪麦恩，唐颖著．现代商业空间设计．北京：中国建筑工业出版社，2006
2. 周长亮，李远编著．商业空间设计．北京：中国电力出版社，2008
3. 周昕涛编著．商业空间设计．上海：人民美术出版社，2006
4. ［日］藤江澄夫著．商业设施．北京：中国建筑工业出版社，2002

第5单元　商业空间的分类设计

授课形式：（1）计算机及多媒体教学。
　　　　　　（2）社会实践。
学习目的：（1）了解商业展卖空间的总体规划。
　　　　　　（2）掌握商业展卖空间的构成与设计原则。
学习重点：商业展卖空间的整体策划。

5.1 商业展卖空间的平面布局及分类设计

5.1.1 商业展卖空间的平面布局

1. 商业展卖空间的面积分摊比

营业面积占整个商业设施面积的比例称为面积分摊比,它是反映商业企业发展、收支情况的重要数值指标,而且不同业态间的商业设施面积分摊比都存在一定的差距,但通常情况下应尽可能给予足够的营业面积,提高其面积分摊比例。各商业设施因非营业设施数量、规模不同而导致各自的面积分摊比存在较大的差异,但就总体而言,标准的商业设施楼层建筑面积和面积分摊比,见表5-1和表5-2。

表5-1 各商业设施的总建筑面积及楼层标准

业 态	标准楼层建筑面积（m²）	总建筑面积（m²）	楼层数
折扣店	100～200	100～200	1
超级市场	500～3000	3000～8000	1～3
大型批量销售店	3000～10000	15000～50000	2～4
集中专卖店	1000～3000	10000～30000	3～8
百货店	3000～10000	20000～100000	2～4

表5-2 百货店主要设施部分的面积分摊比

非销售部门名称	货运	仓储	废弃物	行政管理	员工福利	空调设备	电气设备	防灾设备
对销售部门的面积比（以销售部门面积为100%）	1.4	8.4	0.4	1.4	3.0	6.2	1.9	0.5

几种常见业态商业空间超级市场、专卖店的面积分摊比示意图如图5-1所示。

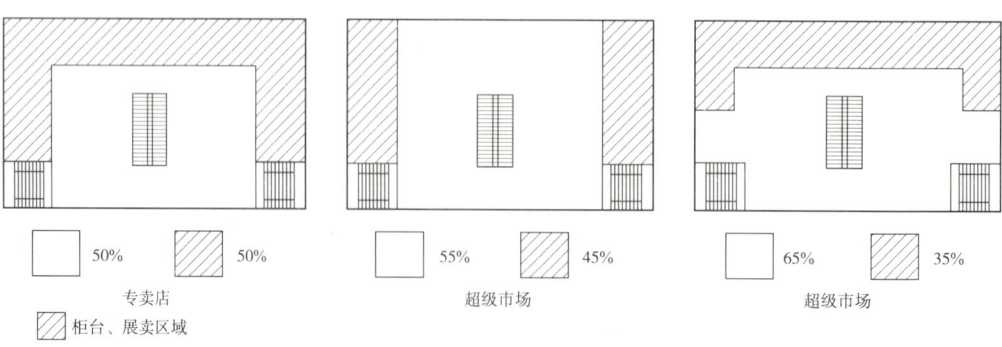

图5-1 超级市场、专卖店常见面积分摊比

2. 商业展卖空间的平面布置

任何商业设施无论其采用何种业态,无论其规模大小,最终其标准楼层的形态都以长方形最优。尤其是营业厅,更是以采用布局容易、视野开阔、购物方便的长方形为最佳选择,应尽量避免狭窄的长方形、L形、三角形等特殊形状。像营业厅、库房、电梯、自动

扶梯等这些配有纵向流动设备的部分,应在各层同一位置设置上下流动竖井,以确保上下流动竖井的连贯垂直。见图 5-2。

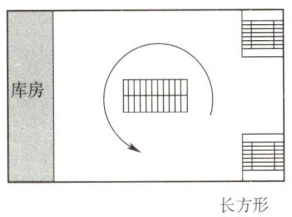
长方形

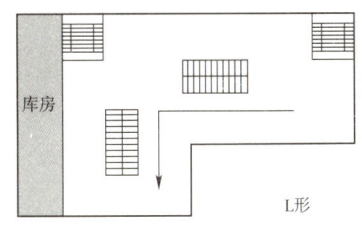
L形

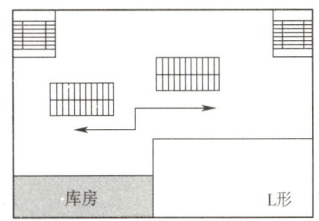
L形

图 5-2 商业展卖空间常见的平面布置

作为商业展卖空间的重要组成部分——柜台,其平面布置详见表 5-3 与图 5-3。

表 5-3　　　　　　　　　　常见柜台布置形式

分类	布局	特点
顺墙式	柜台,货架及设备顺墙排列	省人力,一般采取贴墙布置和离墙布置,后者可以利用空隙设置
岛屿式	营业空间岛屿分布,中央设货架(正方形、长方形、圆形、三角形)	柜台周边长,商品多,便于观赏、选购,顾客流动灵活,感觉美观
斜角式	柜台,货架及设备与营业厅柱网成斜角布置,多采用 45°斜向布置	能使室内视距拉长,造成更好深远的视觉效果,既有变化又有明显的规律性
隔绝式	用柜台将顾客与营业员隔开的方式	商品需通过营业员转交给顾客,便于营业员对商品的管理,但不利于顾客挑选商品
开敞式	将商品展放在售货现场的柜架上,允许顾客直接挑选商品,营业员的工作场地与顾客活动场地完全交织在一起	能迎合顾客的自主选择心理,造就服务意识,是今后的首选

3. 商业展卖空间的交通枢纽——中庭

商业空间内的中庭不仅是商业行为、功能的组织者,同时因为其空间形态多变,内容丰富,还是室内商业环境的精华部分。

中庭最先见于古罗马时代,是由建筑物围起一个院子,有时也采用柱廊式墙体围合,以此作为公共活动空间使用。到 19 世纪,随着建筑技术的发展,特别是钢铁和玻璃材料的使用,使人们在露天的中庭加上有玻璃的顶盖,从而成为了现代的室内公共空间。

中庭共享空间作为整个建筑的核心,一般情况下要多设置垂直交通工具,便于让不同方向的人流在这里交汇、集散。同时,中庭空间也是人们憩息、观赏和交往行为的多元化的活动空间。正是中庭这种新的内部空间形态反映了现代建筑中室内室外化、室外室内化的倾向。因而,中庭在尺度、形状、内容等方面也完全改变了传统的室内空间观念,如图 5-4、图 5-5 所示。

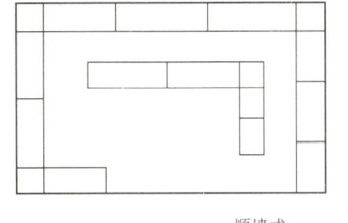
顺墙式

岛屿式

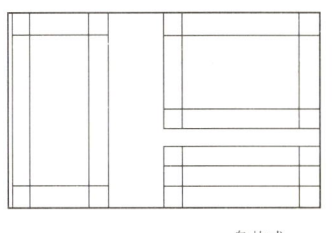

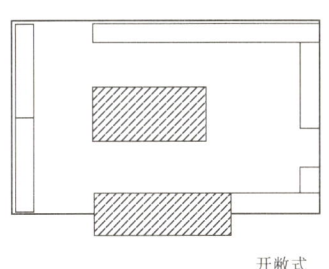
斜角式　　开敞式

图 5-3 商业展卖空间中柜台的布置形式

4. 商业展卖空间的布局与流线

所有的策划者都能够认识到,一个商场最重要的影响因素就是人流量,商场的业态定位等一切都要围绕尽可能多的吸引目标人群到商场里来,尽量的扩大商场可服务的人群。

图 5-4 现代室内供休息、观赏的公共空间

图 5-5 现代的室内公共空间尺度、形状、内容等方面也完全改变了传统的室内空间观念

因此,现代商业空间的布局一般是以顾客购买的行为规律和程序为基础展开的,即:吸引→进店→浏览→购物(或休闲、餐饮、酒店)→浏览→出店。动线的组织对营业厅的整体布局、商品展示、视觉感受、通达安全等都极为重要,设计时应着重考虑以下方面:

(1)商业出入口的位置、数量和宽度,以及通道、楼梯的数量和宽度,首先均应满足防火安全疏散的要求,如根据建筑物的耐火等级,每人疏散宽度按 0.65～1.00m 计算,出入口与垂直交通之间的相互位置和联系流线,对客流的动线组织起决定作用。

(2)通道在满足防火安全疏散的前提下,还应根据客流量及柜面布置方式确定最小宽度,较大型的营业厅应区分主、次通道,通道与出入口、楼梯、电梯及自动梯连接处,应适当留有停留面积,以利顾客的停留、周转。

(3)通畅地浏览到达拟选购的商品柜,尽可能避免单向折返与死角,并能迅速安全地进出和疏散。

(4)顾客动线通过的通道与人流交汇停留处,从通行过程和稍事停顿的活动特点考虑,应细致筹措商品展示、信息传递的最佳展示布置方案。

(5)许多超市均设有顾客物品寄存处,而如果超市出入口距离过长,物品寄存处布置不当,会使顾客存取物品来回走动,费时费力,因此出入口和物品寄存处三者位置关系十分重要,在组织动线时应予注意。

因为顾客的行动路线和消费行为会受到内部诸因素的影响,所以顾客在商业空间局部区域的逗留时间都不会太长,那么这就要求视觉空间流程上予以顾客最快的导向性信息和提示(见图 5-6)。

一般情况下,人们在进入现代商场

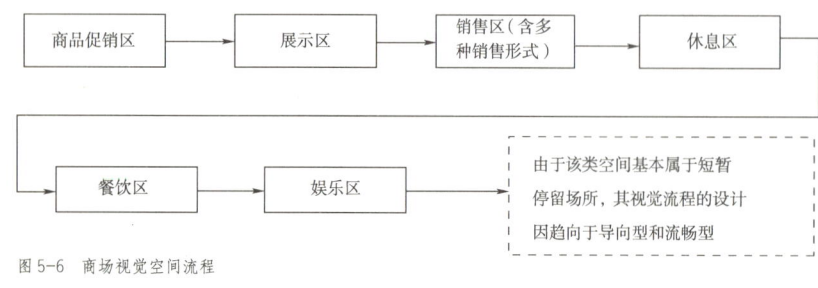

图 5-6 商场视觉空间流程

环境的时候,存在两种基本的购物行为:目的性购物和非目的性购物。

目的性购物者都希望以最快的方式、最便捷的途径到达购物地点,所以对此类消费者,在组织商业空间时,在视觉设计上,应具有非常明确的导向性,以缩短其购物的距离。相对而言,导向型视觉空间,就可以诱发非目的性购物者产生临时的购物冲动,完善的导向系统可以帮助无目的购物者作出临时购物决策。另外,与商品销售配套的休息区、饮食区,可以在视觉流程的设定上平和舒缓一些,以减少商品的信息刺激量,给顾客以较充裕的时间调整身心的疲劳,以增加顾客在商场内的停留时间。

从顾客进入营业厅的第一印象开始,设计者需要从顾客动线的进程、停留、转折等处,考虑视觉引导,并从视觉构图中心选择最佳景点,设置商品展示台、陈列柜或商品信息标牌等,如图5-7、图5-8所示。

图5-7 上海某商场化妆品岛。化妆品岛的设计注重女性的审美和色彩的绚丽

商店营业厅内视觉引导的方法与目的主要包括:

(1)通过柜架、展示设施等的空间划分,作为视觉引导的手段,引导顾客动线方向并使顾客视线注视商品的重点展示台与陈列处。

(2)通过营业厅地面、顶棚、墙面等各界面的材质、线型、色彩、图案的配置,引导顾客的视线。

(3)采用系列照明灯具、光色不同色温、光带标志等设施手段,进行视觉引导。

(4)视觉引导运用的空间划分、界面处理、设施布置等手段的目的,最终是烘托和突出商品,创造良好的购物环境,即通过上述各种手段,引导顾客的视线,使之注视相应的商品及展示路线与信息,以诱导和激发顾客的购物意愿。

图5-8 上海某商场室内空间。用黑白色阶及灯光划分区域空间的动线组织与视觉导向

5.商业展卖空间的水平与垂直交通空间

商业空间水平交通空间设计应该分流线清晰,相互有机结合而又互不干扰,即将物流、车流和人流进行分流设计,如图5-9、图5-10所示。

图 5-9 发光的水平通道

图 5-10 商业空间分流楼梯

通常情况下，楼梯是商业空间垂直交通的一种主要解决方式，分为客用楼梯、内部专用楼梯、避难专用楼梯等几种，如图 5-11、图 5-12 所示。

图 5-11 百年城扶梯的客流导向，两侧形成视觉中心

图 5-12 商业空间扶梯纵向分流。首层滚梯空间，是造景的舞台，设计师可以充分发挥艺术创作的想象力，为商业空间增加展示的艺术气息

在进行楼梯设计时，务必要采用合理均衡的布局形式，确保所有地点的避难距离基本相同，使大量不特定顾客无论是在日常购物中，还是在发生火灾、地震等紧急情况时，都能够安全避难。

一般情况下，商店内的客用楼梯多设置在客用自动扶梯附近，因为顾客的移动大多以自动扶梯为中心，所以大型的商业设施通常也会设置 1～2 处楼梯。有时为了给营业厅营造出较为开放的氛围，可以利用防烟、防火卷帘门划分出入口部分，同时，为了避免破坏营业厅的环境气氛，还应仔细处理楼梯部分的照明以及扶手设计。此外，注意采用防滑地面和防止儿童坠楼扶梯等安全设计也十分重要。

与自动扶梯相比，电梯的运输能力仅为自动扶梯的 1/30，但是在多层商业设施中，电梯仍然是直达终点楼层、运送大量商品和方便残疾人购物等活动必不可少的设施。一般大型商业设施内常附设与其他楼层营业时间不同的饮食店、娱乐设施等，因此，电梯设计中还应包括那些用于营业外时段、设置在建筑1层的出入口等内容。各类型电梯设计要点包括以下内容。

（1）客用电梯。商业设施的电梯一般安置在远离客用楼梯等其他纵流线的位置，以确保电梯得到高效利用。而且通常是多台电梯集中设置。设计时应当充分注意确保设施特有的安全性、便捷性。例如，在电梯内部两侧设置操作按钮；考虑到可能出现利用手推车运货或多数人同时使用的情况，应尽可能加大电梯门的宽度、电梯开间及净高。

（2）客货两用电梯。设计时应尽量把它放在各类后勤设施的核心位置。而且，由于此类电梯常用来运送员工，所以也常把员工用电梯和货运电梯分开设计。设计时，应尽可能设置多部电梯，以提高货运效率电梯的运行操作也应尽量采用可随意切换自动、手动及调整电梯门开闭时间的模式。如果需借助手推车、小推车等搬运货物，还应设法加大电梯内径和电梯门宽度。此外，为防止小推车等设备破坏电梯的内外装修（三面框架、门、电梯间墙壁），可以采用耐磨损的不锈钢装饰或内部安装护板等。

（3）特殊电梯。依据有关规定，高度超过31m的建筑须安装、使用紧急用电梯。商业设施一般把客货两用电梯兼作紧急用电梯。

另外，还有一种垂直观光电梯，如图5-13所示。一般情况下，在设计观光电梯前，要充分考虑其与建筑外观的协调，以及电梯间内的风格创意。

图5-13　大连天兴罗斯福商场垂直观光电梯

5.1.2　商业展卖空间的分类设计

5.1.2.1　专卖店空间设计

专卖店是市场经济条件下产生的特有的一种经营方式，它经营的商品有很强的针对性，各种品牌聚集，种类多，规格齐全。

专卖店的环境设计，往往根据商品的共性特点，塑造具有个性特色的空间环境，商品展示区无论是独立式的，还是位于店堂内的展架，都力争突出简洁、现代的设计特点，并着重对空间层次感的提升，以及品牌意识、照明要求的考量。

在具体展示操作方面，专卖店设计应体现以下几点原则：

（1）货品展示整体统一。为达到展示效果，充分体现品牌设计理念，从整体的LOGO设计到店内配饰品，甚至小到声音、气味等细节，都要体现设计与展示主旨和意图。

（2）货品摆放联系搭配。产品以系列相维系，货区展示中产品以系列形式安排展示，将会突出产品在设计结构安排上的优点。

（3）货品结构设置实用与有效。为营造产品的展示效果气氛，对设计的装置结构应在实际操作中充分体现产品展示的辅助作用。

图5-14 具有浓厚阿拉伯特色的艺术品专卖店

（4）展示空间营造合理、顺畅、引导性强。现在的营销观念更强调的是消费者的心理感受，消费者购物需要充足的自由空间，自主选择，而增强引导性因素参与店内销售行为，更能隐性加强销售力度。

（5）货品展示风格独特别致，特点突出。不仅使品牌形象个性鲜明，还将丰富产品的外在形象，渲染品牌的感染力。

图5-14～图5-16为几个专卖店设计实例。

图5-15 服饰专卖店。展台最直观地反映出城市的人文状况、商业的国际化

图5-16 服饰专卖店。橱窗被誉为流行文化的传播者，充分反映发达程度和整体形象

5.1.2.2 超市空间设计

1. 超市的类型

超市即超级市场，类型可分为大型综合超市、小型便利店。

大型综合超市：采取自选销售方式，以销售大众化实用品为主，并将超市和折扣商店的经营优势合为一体的、满足顾客一次性购全的零售业态。

便利店：满足顾客便利性需求为主要目的的零售业态。

2. 超市的设计原则

超级市场这一形式来自于西方，20世纪90年代初传入我国，并很快遍布各大中城市，成为全新的商业展示形式。计算机管理降低了商品成本，并由柜台式售货发展成开架自选，让顾客购物更随心所欲，从而扩大了商业机能。

这种机能的变革，使商业空间布局也相应发生变化，其功能区分更条理化、科学化。集中式收款台设在入口处，无形中增大了货场的面积。在这里最重要的是商品种类区分布的合理性、方便性。作为设计理念中一切以人为本的思想，在超级市场中得到了充分的体现，而成为家庭主妇、儿童、学生、单身青年乐于光顾的场所。

（1）设计上，地面图形划分，要有人流导向，墙面及空中装饰一般选用POP形式，如图5-17所示。大型超级市场要重视引、排风装置，注重消防及逃生道的设计。

（2）集中式收款台设在入口处，无形中增大了货物的面积。

（3）后场加工设施。

（4）各种不同特色的店铺设置于外围，增加游乐性。

5.1.2.3 百货店空间设计

1. 百货店的类型

根据现代都市生活方式的要求，结合自身条件，百货店可分为以下几种类型：

（1）奢华型。即以高端人群为目标的定位，如图5-18所示。

图5-17 某超市pop视觉引导与人流导向

定位奢华型百货店需具备以下条件：

1）有组合高端品牌的能力：高端品牌的入驻是奢华型百货店成功的基础，但高端品牌入驻往往有严格的筛选程序，要考察当地的消费能力、百货店在当地市场的地位、设施硬件条件等多项因素，不是所有企业都能被高端品牌所接受的。

2）有提供高端服务的能力：高端人群数量少，但品牌忠诚度高，对服务的要求也较高，需要提供个性化、贵宾式服务，这不仅要求企业要建立完善的客户关系和客户价值管理信息系统，而且要求企业能够开发高水平的增值服务项目，并有高素质的服务人员。

3）有高标准的硬件设施：高端人群购物重视环境的宽松与舒适，同时建筑的标准与风格也是品质与品位的体现。高标准的硬件设施还包括便捷、充足的停车设施。

4）所处地域有一定规模的高收入阶层：评价一个地区高收入阶层的规模，除了要考虑GDP水平，流动人群的规模也应当考虑在内。

5）竞争条件宽松：如果本地已有成功的奢华型零售设施，而高端购买力规模又有限，需慎重选择是否进入。

（2）时尚型。即以引领潮流和时尚为诉求点的定位，主要面向青年人，如图5-19所示。

图5-18 大连连洋百货商场
百货商场在空间上具有独立性，特别是高档商场，会留有充足的空间，供人们自由购物

图5-19 美国某百货商店
对个性的过度追求，使得我们这个时代的人们同时变得过度自我关注和自我投入，因此个性化的服装与个性化的装饰手法，成为时尚商业空间的主要趋势

定位时尚型百货店需具备以下条件：

1）引进时尚品牌：引进一线时尚品牌吸引消费者认同，引进个性品牌形成特色，引进畅销品牌形成销售热点，创造自有品牌形成利润倍增。

2）营造卖场氛围：时尚购物往往感性重于理性，因此应当通过灯光、动线的设计，背景音乐的烘托，营造繁华、时尚的氛围，使消费者获得体验时尚生活方式的乐趣。

3）促销组合创新：时尚消费者往往把购物作为一种生活方式，充分运用多种促销组合策略，并不断推陈出新，使消费者发现需求，唤醒消费者的购物欲望。

（3）生活型。即以主流生活需求满足为定位的百货店，面向最广大的中等收入的主流消费群体。

定位生活型百货店需具备以下条件：

1）目标家庭化：生活型百货店的目标消费者通常全家购物，或承担为全家购物的任务，因此希望在百货店中找到各年龄层、各种身份所需的商品，尤其是各种体型的服装服饰，这一点与以年轻人为主体的时尚型百货店截然不同。

2）商品实用化：这类消费者重视商品质量、实用价值，这一点，既不同于奢华型百货店消费者重视档次、身份象征，也不同于时尚型百货店消费者重视设计和潮流的特点。

3）品牌主流化：正是由于这类消费者重视商品质量、实用价值，因此选择商品品牌时，优先考虑其质量、口碑，通常会选择口碑较好，或曾经购买过的品牌。因此一些大众主流化的品牌较受欢迎。另一方面，推出一些质量可靠的自有品牌商品，以百货店自身的品牌信誉为其提供担保，也是一种选择。

4）价格平实化：由于目标消费者不喜欢被花哨的促销所诱导，希望货真价实和明码实价，因此在价格策略上应当走平实化的线路，取得消费者的信任。

2. 百货店的分区

一般情况下，百货店各层功能分布包括以下几方面（见图5-20）：

图5-20 商业空间的多功能展区
可以进行展示促销活动；定期发布时尚信息，为消费者营造一个展示舞台，引导客人进入一个现代、时尚的互动表现空间

（1）屋顶层：露天广场、露天茶亭、玩具商亭、儿童游戏广场。

（2）八层：餐厅街．风味餐厅、西餐厅、快餐厅、咖啡厅。

（3）七层：室内用品、室内成套家具、成套用品、照明器具、地毯。

（4）六层：生活日用品、日用陶器、漆器、工艺美术、厨房用品。

（5）五层：趣味用品、玩具、文具、画具、书籍、家用电器、相机、乐器、音像资料。

（6）四层：儿童服装、儿童用品、婴儿用品、眼镜、钟表、宝石、金银首饰。

（7）三层：男士服装、西服套装、领带、衬衫、男士鞋、体育用品、运动服。

（8）二层：女士服装、裙子、连衣裙、流行时装、布料、美容厅、茶室。

（9）一层：妇女日用杂品、化妆品、服饰、女士鞋、女士包、妇女卫生用品。

（10）地下室：食品层、茶叶、点心、糖果、烟酒、水果、蔬菜、精肉、鲜鱼。

3. 百货店营业厅空间

营业厅是商业建筑中的核心与主体空间，是顾客进行购物活动，对商店留下环境整体印象的主要场所。在建筑设计时，应根据商店的经营性质、营业特点、商店的规模和标准，以及地区经济状况和环境等因素，确定营业厅的面积、层高、柱网布置、主要出入口位置及楼梯、电梯、自动梯等垂直交通的位置。

售货柜台与陈列货架是销售现场的主要设施，柜台供营业员销售时陈列、展示、计量、包装商品及开票等活动所用，柜台同时又是顾客看样品和审视挑选的场所；货架主要供陈列和小量储存商品之用，货架通常靠墙或相背而立，或根据平面布局予以组合。这些设施的尺度以及它们之间间距位置的确定，都取决于顾客和营业员的人体尺度、动作、视觉的有效高度以及营业员和顾客之间的最佳距离，销售现场设施除柜台、货架之外，还有收款台、新款商品陈列展示台、问讯、兑币等服务性柜台等。上述营业厅内各项设施，除了尺度、体量主要与人体及使用功能相关之外，在同一商店营业厅中的各项设施的用色、用材、造型格调也应有整体的、形成系列的设计。图5-21所示为柜台、货架的尺寸与营业员、顾客的活动尺度示意。

图5-21 柜台货架的尺寸与营业员、顾客的活动尺度

柜台与货架的几种基本布置方式，即顺墙布置、岛式布置、斜向布置及综合布置等。柜面布置应使顾客流线畅通，便于浏览、选购商品，柜台和货架的设置使营业员操作服务时方便省力，并能充分发挥柜、架等设施的利用率。商店根据自身的经营性质和规模，常把不同类别的商品分成干柜组，如百货商店中的化妆品，文化用品、家用电器、食品、服装、鞋帽、五金交电等，营业厅内部根据经营商品的特点，通常采用组合上述几种不同经营方式的布置。

商品展柜在营业厅中的具体位置，需要综合考虑商店的经营特色、商品的挑选性和视觉感受效果、商品的体积与重量以及季节性等多种因素。例如，许多商店常把化妆品柜布置于近人之处，以取得良好的铺面视觉效果；把顾客经常浏览、易于激发购买欲的一些商品置于底层，而把有目的购置的商品柜组置高于楼层，较重和体积较大的商品常置于地下室商场。

现代商业设施的营业厅，通常把柜、架、展示台及一切商品陈列、陈设用品统称为

图5-22 道具造型色彩的创意设计来烘托和营造购物环境

"道具"。商店的营业厅以道具的有序排列、造型、色彩的创意设计来烘托和营造购物环境，引导顾客购物消费，如图5-22所示。

5.1.2.4 购物中心空间设计

1. 购物中心的类型

购物中心（Shopping Mall）属于一种新兴的复合型商业地产运营业态，是目前世界上商业零售业发展历程中最先进的商业形态，是集购物、休闲、娱乐、饮食、康体、文化、商住等各种服务的一站式、体验式消费形式。

Mall 英文原意指的是购物林荫道，它提供给顾客闲庭信步，而又不用经受雨雪风霜之苦的购物乐趣。

Shopping Mall 规模形式是庞大的，在一个毗邻的建筑群或一个大型建筑物中，由一个管理机构组织、协调和规划，通常由一个主力店和几个次主力店组成，还集合了百货店、超市、大卖场、专卖店、大型专业店等各种零售业态，同时还有各式快餐店、小吃店和特色餐馆，娱乐天地、儿童乐园、健身中心等各种休闲娱乐设施，包容所有零售业和服务业的多种业态。

2. 购物中心的空间处理

为了容纳百家，购物中心的设计多用含蓄的色调和朴素的材质，装饰风格力求简洁大方，只是在中庭和环廊部分有精彩的装饰表现。

在空间处理上，购物中心一般按功能使用划分为外部空间、公共空间和服务空间三个主要部分。

（1）外部空间主要是指从都市街道、广场引导客流进入门厅，使其内外连贯的空间。设计上考虑环境的自然条件、历史文化等因素，注意纪念性标志及传统符号的采撷，创造易识别而又有地方特色的新颖空间形象，组织好与周围环境关系的谐调。

（2）公共空间主要是指中庭、门厅、连廊等。中庭具有定的开敞性、中心性，多层大厅中可以和不同层面的通廊相联系，形成四通八达的网格，成为购物中心人流集散、水平垂直的交通枢纽，如图5-23、图5-24所示。并且还具有类似广场的作用。人们除了在此走动、停留、休息外，还可作经常性小型演出、展览及交谊活动。还有种公共空间是具有一定街道型的通廊，方向明确，铺位排列在街道的一侧或两侧。

（3）服务空间是商业中心的主角，担负着营业、陈列商品、商品周转、公共设施服务、储藏等重任。在空间处理上，应考虑客流量、疏散、导向性等功能，特别是商品空间的展示、陈列布局的设计，设计的好坏直接影响到商品的销售和顾客的购物心理。平面布置、空间层次、展示陈列、光照、色调、材料等方面的设计应尽量精致、考究、新颖，给顾客创造一个愉快、悦目、宜留、宜购的商业服务场所。

3. 购物中心的售货区处理

购物中心的售货区有不同形式，一般来说，分为开放区和封闭区。

（1）开放区的功能布局。

图5-23　水平通道旁放置休息座椅，不仅是对空间节奏的调节，也是对顾客心理的调节　　图5-24　从建筑造型看，购物中心通常设计有2～5层，并设有采光顶

开放区能营造繁荣的市场气氛，一般入口大厅一定要充分利用。利用通道或展架分割空间，分割相邻售货区。顶棚照明也成了划分空间的关键元素，尤其是反光灯带和地面界定。

开放区的功能布局要考虑以下几方面因素：

1）宽敞的交通线路。一般考虑5～8人并排穿行的距离（80cm/人为标准），一般为4~6m，每个货区内的交通尺度可以按最小1m的距离灵活划分。

2）明显的购物导向。入口处设明显的货区分布示意图，并在主要通道和各个货区设置导向标牌，也可通过地面材质的变化引导顾客通行。

3）充足的光照度。一般开放区的顶棚在3~5m高，明亮的光照店面形象是必要条件。大厅正常光照应在500~1000lx（普通照明设备主要有金属格栅灯、节能筒灯、有机灯片、反光灯带以及自然采光等），如图5-25所示。局部照明一般在1000lx以上（设备以石英射灯、筒灯为主）。另外配装饰照明，使整个大厅层次丰富，晶莹透亮。

4）适量的贮藏面积。靠墙或柱的位置，与展柜有机结合，并能形成装饰背景（注意不影响顾客视线）。

（2）封闭区的功能布局。

封闭区形成独立的店中店形式。不同商家在同一空间内经营，经营理念不同，都会竭力体现自己商业风格，如图5-26所示。

图5-25　服装专卖店内的节能灯照明　　　　　　　　　　图5-26　商业中心内的店中店设计

店中店的经营内容千变万化，但从功能上分析，大致可分为：

门面、导购、形象展示区、商品展示区、收银台、打包台、库房仓储（服装店有更衣室）等几个区。

商品应分类摆放，选择精品，整体设计应与品牌形象相统一。办公室、库房、职员休息、更衣室等可根据实际面积再定。

4. 购物中心营业厅空间

由于购物中心富有吸引力，所以成为人们的公共交往空间。购物中心的营业厅环境不仅为人们提供了休息、交往、餐饮、娱乐、观光、会晤的空间，同时，还将商业人流高效地组织到各个区域。购物营业厅空间还具有解决交通集散、综合各种功能、组织环境景观、完善公共设施、提供信息交换的作用，在此同时，营业厅又沟通了与消费者的促销渠道，随时随地向人们发出商业的信息与动态，提高了购物活动的效率。购物中心的营业厅环境一般在主入口或大厅中间均留有足够的空间，这个空间的设计，无需华丽和琐碎，只要为企业节假日的活动、纪念日活动、对外引入活动的开展创造条件，同时提高企业自身的知名度即可。

5.2 酒店空间的平面布局及分类设计

5.2.1 酒店空间的平面布局

1. 酒店设施的面积分摊比与基本构成

表 5-4 提供了规模为 50～200 套客房的酒店设施占酒店总面积的平均面积比，总面积不包括停车场及其他特殊的附加设计。

表 5-4　　　　　　　　　　规模为 50～200 套客房的平均面积比

有收益部分设施（50%）	客房、城市宾馆	35%～45%
	餐饮部分	7%～10%
	宴会部分	7%～10%
	婚礼厅等	3%～4%
无收益部分设施（50%）	顾客用公共部分（入口、大厅走廊、楼梯、电梯、卫生间等）	20%～25%
	厨房、食品库部分	5%～7%
	管理办公室部分	4%～6%
	员工部分	2%～3%
	机房部分	6%～12%

表 5-5 提供了一般酒店设施的基本构成，其中内容不包括停车场、庭院以及其他特殊的附加设施。

表 5-5　　　　　　　　　　　　酒店设施的基本构成

公用部门	住宿部门		管理部门	
食　堂 咖啡店 酒　吧 宴会厅 婚庆厅 娱乐室	客房	单人间 双人间 标准双人间 行政套房 观景房 总统房	管理部门	前厅办公室 寄存处 办公室、经理室
			烹饪相关部门	食品库、冷冻室 厨房 配餐室

续表

公用部门	住宿部门		管理部门	
出入口大厅 前　　厅	服务部	服务台 餐具食品室 客房用品室	机械设备部门	锅炉房 水箱、泵房 配电室、防灾 洗衣房、工作室
			员工部门	食堂、休息室 淋浴、浴室
走廊、楼梯 电 梯 间 卫 生 间	其他	走廊、楼梯 电 梯 间 卫 生 间	其他	货运出入口 走廊、楼梯、电梯 卫生间

注　■ 有直接营业额的收益部分；■ 顾客用的公共空间。

2. 酒店空间的交通枢纽——大堂

大堂是构成酒店所有活动的中心，由此到达全部或多数的公共设施以及客房，通过设置合理的大堂经理台或服务台，大堂集流通、聚会和等候功能于一体，直接将客人引向提供接待、信息和出纳服务的前台。

大堂的面积取决于酒店的档次、规模、使用大堂的活动范围和客人的到达方式。这些因素一般与房间数量有着密切的关系，见表5-6、表5-7。

表5-6　　　　　　　　　　不同类型酒店的房均大堂面积

酒　店　类　型	大堂面积/房间数量（m²）
经济型酒店、汽车旅馆和机场酒店	0.5
度假区酒店、市中心酒店	1
承办大型会议团体或拥有多种活动的酒店（赌场、商场）	1.2

表5-7　　　　　　　　　典型的大堂空间配置（200个客房的市中心酒店）

区　　域	m²	备　　注
前　台	15	7.5m长
流　通	100	入口12m²，电梯厅12m²
休息厅座位	20	10个休息座位
零售区	10	出售报纸、礼物的服务台
更衣室、洗手间	45	包括供残疾人使用的设施在内
房间服务员、看门人、电话（会议团体有单独的休息处）	10	

3. 酒店空间的客人流线、服务流线和功能关系

在酒店空间中的流线组织和视觉引导是通过区域功能界面、水域、家具、展台的划分，天、地、墙等界面的形、材、色处理与配置，以及绿化、照明、标志等要素所构成。同时考虑停车场规划、顾客流线、后方区流线等相关因素，以吸引顾客为宗旨，设计师就要通过这些要素构成的多样手法来引导顾客的视线，做到人车分流，使顾客出入方便、安全。如图5-27～图5-30所示，展示了不同楼层的不同交通流线分析。图5-31简单总结了酒店不同功能空间之间的关系。

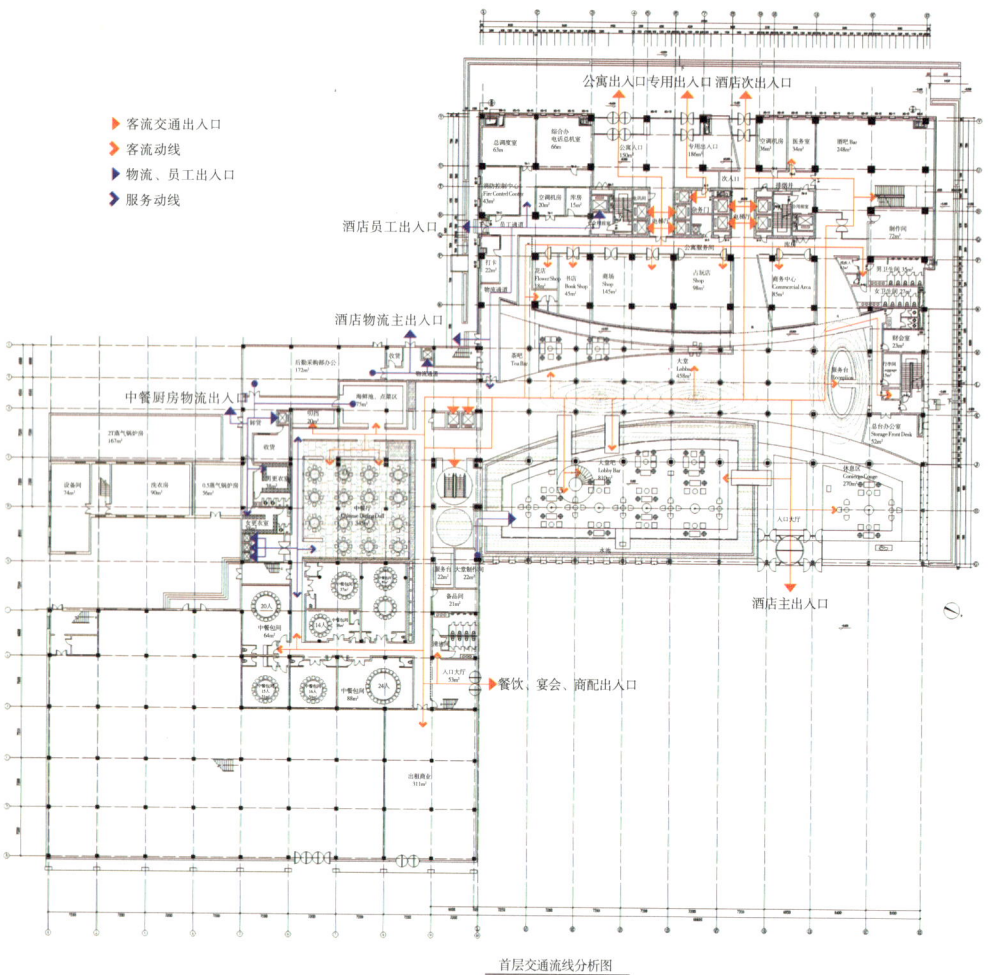

图 5-27　酒店一层交通流线分析图

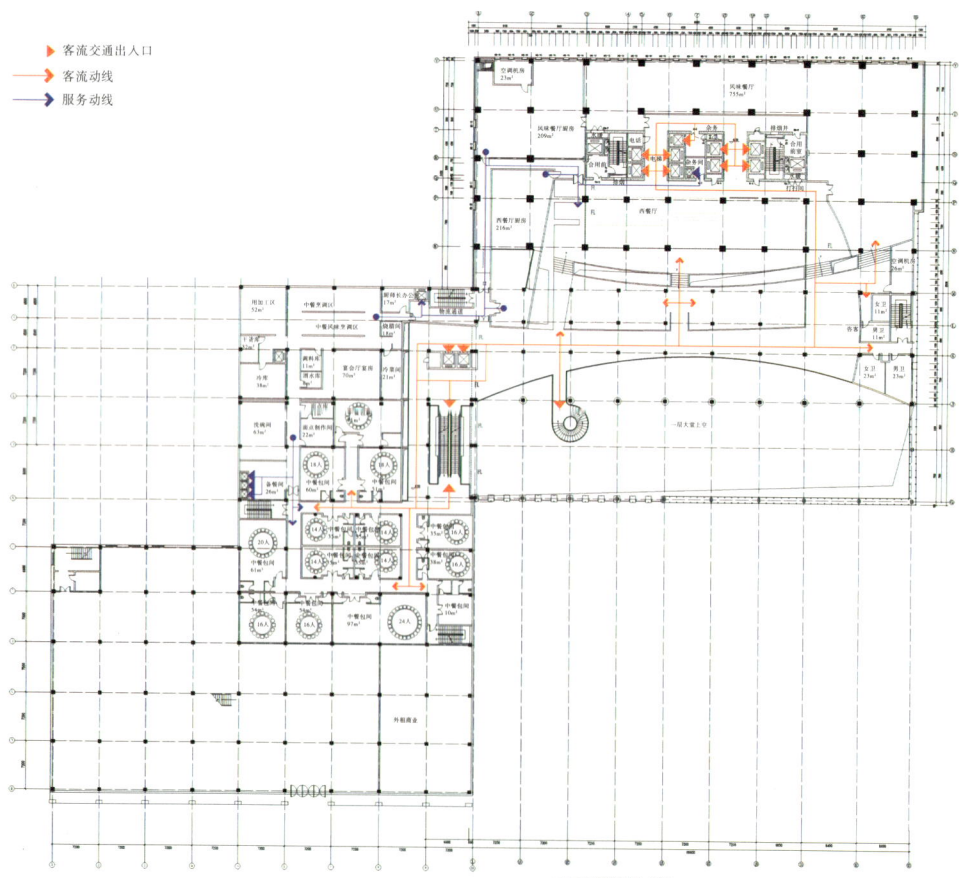

图 5-28　酒店二层交通流线分析图

第5单元 商业空间的分类设计

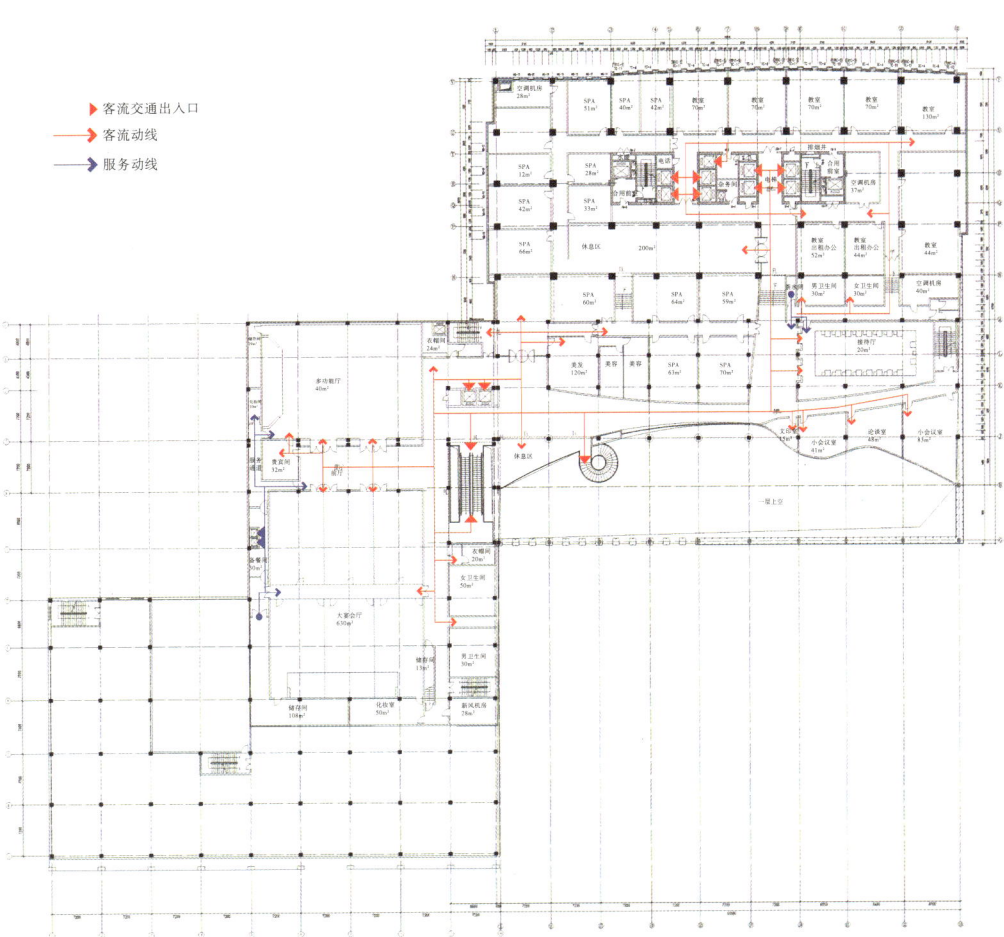

图 5-29 酒店三层交通流线分析图

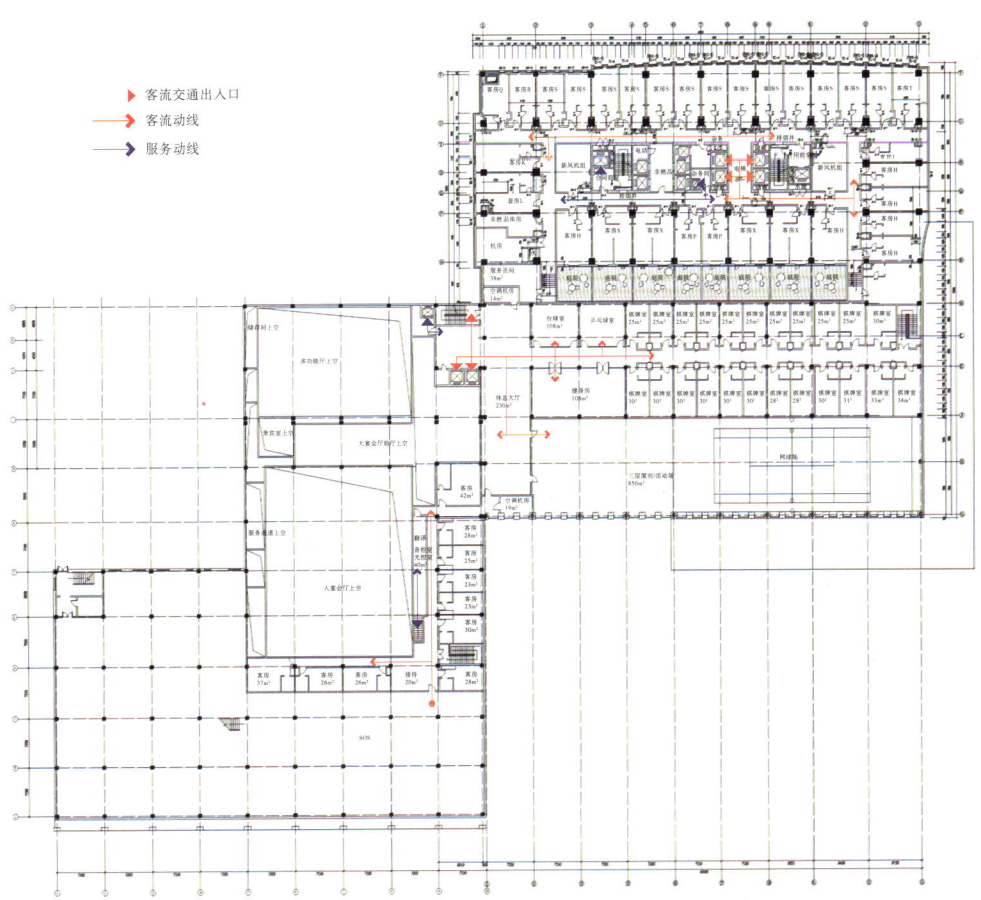

图 5-30 酒店四层交通流线分析图

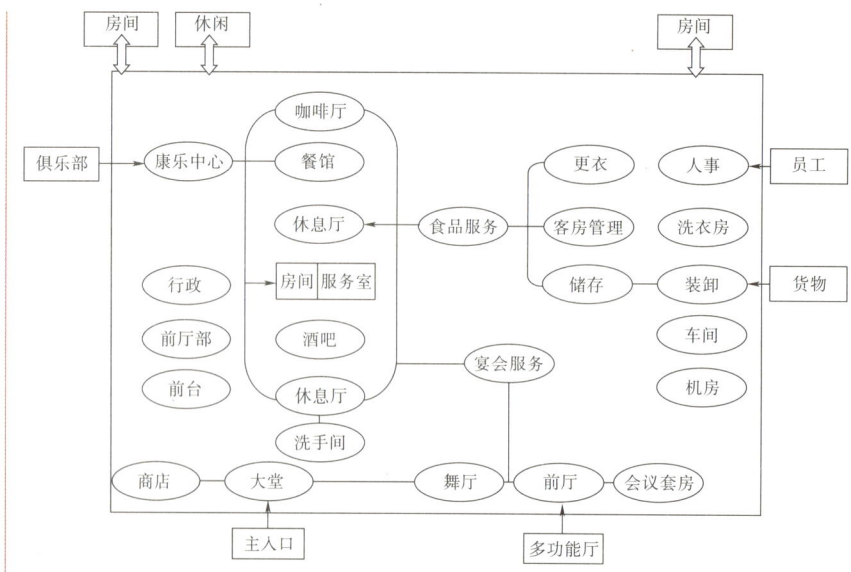

图 5-31 酒店不同功能空间关系

5.2.2 酒店空间的分类设计

1. 主题型酒店空间设计

主题型酒店一般以某特定的主题，来体现酒店的建筑风格和装饰艺术，以及特定的文化氛围，并兼顾"娱乐性"，因为设立"主题"的方式和手段几乎都是娱乐性的。酒店以"主题"为招牌，以个性化的服务取代一般化的服务，充分开发和利用各种富于创造性的娱乐项目，让顾客感知主题型酒店娱乐化的全新体验。

主题型酒店有一类为艺术型酒店，艺术型酒店依据设计来定位市场和风格，而且常常是"先有设计，再定经营"。往往邀请最好的、有个性的设计师来做设计，其作品本身具有"不可模仿性"，如图 5-32 ～图 5-37 所示。

图 5-32 北京瑜舍酒店入口处门的设计

图 5-33 北京瑜舍酒店墙面的处理

图 5-34 北京瑜舍酒店大堂现代感的沙发（艺术型）

图 5-35　北京瑜舍酒店大堂纱幔环绕、清晰流畅　　　图 5-36　北京瑜舍酒店简洁的餐厅设计　　　图 5-37　北京瑜舍酒店客房

拥有明确的概念设计特征，具有强烈的时代感和独特的设计手法。在建筑设计、室内设计、家具设计上能展示出鲜明的、完全独创的风格，或者在人性化设计和实用性设计方面能有令人意想不到的创新。

经营定位：以客房为主要经营项目，另有一组餐厅和酒吧，多采用"B&B"形式经营。

2. 商务型酒店空间设计

商务型酒店一般位于商业活动比较发达的城市，老城市或新兴城市，市中心城市新区或城市边缘交通便利的地段。

规模为大中型，客房数量在 200～1000 间。

酒店整体的硬件标准较高，客房区域占酒店总建筑面积 50% 以上，提供足够的餐厅、酒吧和健身康乐设施，有至少多于客房数量 1 倍的餐厅餐位，大宴会厅同时是多功能厅，具备充足的会议设施，多功能厅前区面积最低不少于厅内面积的 1/3，确保商务会议空间的专业化和灵活性，如图 5-38 所示。具有良好的周边交通条件和酒店内部顺畅的专业化交通流程。风格和档次完全不受限定，既可以追求金碧辉煌的豪华，也可以追求现代风格的简约时尚。注重室内设计的文化艺术氛围，尽量体现当地文化的特点和背景，但不必过重地强调文化主题性和历史分量。功能性、舒适性、便捷性和时代感是这类酒店的最基本设计要素。城市商务酒店是顺应当前全球经济活动的繁忙而快速发展起来的，由于其总体规模可大可小，投资或多或少，风格具有选择性，而功能布局、设备设施又有很大的共性，容易形成一种原则和标准，如图 5-39 所示。

图 5-38　凯宾斯基酒店大堂咖啡区　　　图 5-39　凯宾斯基酒店电梯间

3. 度假型酒店空间设计

大多数度假型酒店得益于依山傍水的休闲功能，既有视觉美景方面的享受，又可提供消遣的去处。酒店可以直接面向沙滩、礁石或湖水，或提供改进的景观设施以方便客人，如图 5-40～图 5-42 所示。

酒店应与风景融为一体，组成和谐的景致；为使酒店轮廓不致太清晰，酒店也可建于悬崖峭壁上及突出的岩石之中；或者拾阶而下掩映在露台的植物中和天然丛林下。尽管海洋和湖泊的景观和背景十分重要，多数休闲活动仍然是在酒店空间内进行。

大型酒店通过开发相关的高尔夫球场和其他室外运动以获得辅助性的景观。

4. 精品型酒店空间设计

在进行精品型酒店空间设计时应注意以下几个方面内容。

图 5-40　迪拜 W 酒店大堂

图 5-41　迪拜 W 酒店大堂

图 5-42　迪拜 W 酒店海滨观海餐厅

（1）文化：以酒店所在地区或城市的历史、民俗、自然环境、艺术、人文作为酒店的文化定位，也可以选一种特殊的文化素材作为酒店设计的脉络，用于塑造出酒店的个性和品质，如图 5-43、图 5-44 所示。

（2）艺术：表达主题文化脉络的主要方法是陈设艺术品和工艺制品。这些陈设是极其讲究的，80% 以上应该是原作和珍品，所有陈设品都有照明设计、环境设计和安全设计。上乘的精品酒店更会收藏、陈列相当数量的古董。所有艺术陈设品都与酒店文化的"文脉"紧密相关，不会"跑题"。

（3）功能定位：客房是主要经营项目；餐厅和酒吧仅以满足住店客人自用和接待来访客人为主；可以有休闲、健身和 SPA 项目，也可以设游泳池，但均为住店客人自用，不对外开放。私密性是精品酒店的核心要求。

图 5-43 阿联酋宫殿酒店会客厅 blues aloon

（4）目标客源：喜爱精品酒店文化的高端国际商务和度假客人；房价标准不能低于相同城市里的五星级酒店平均价格。

（5）设计：可以新建也可以利用旧建筑改造；满足成功人士和特别贵宾对交通、私密、安全、舒适、方便以及欣赏文化艺术、休息、会友等所有要求；必须"高贵"，但不一定"华贵"；全部设计以精美为核心，以安全为原则，以高贵为特征。

图 5-44 阿联酋宫殿酒店咖啡座 levendome terrasse

5. 经济型酒店与汽车酒店空间设计

经济型酒店内部以客房为主要经营项目，餐饮、康乐、会议等配套设施很少或没有，所以酒店四周 300m 半径范围之内应有满足客人综合需要又步行可及的餐馆、酒吧、商店、邮政、娱乐、便利店等设施，交通站点也应较近。

经济型酒店注重选址的同时，需要对客源结构及其可靠性和持久性进行评估，房间越多，则单位造价越低。

经济型酒店可大可小，每层 16～20 间客房，总层数不宜超过 10 层，恰当的总建筑面积应该限制在 6000～10000m² 之内。

经济型酒店也有"风格"和"通俗"之分。风格型更具文化性，追求某种艺术效果和主题内涵，强调人性化环境。通俗型比较简单、廉价，对位置要求较高。

汽车旅馆与一般旅馆最大的不同点，在于汽车旅馆提供的停车位与房间相连，一楼当作车库，二楼为房间，这样独门独户为典型的汽车旅馆房间设计。汽车旅馆多位在高速公路交流道附近，或是公路离城镇较偏远处，便于以汽车或机车作为旅行工具的旅客投宿。汽车旅馆通常有独立出入口连接房间，而酒店则一般要经过大门及大堂才可进入房间。

汽车旅馆的选址和功能设置都应考虑到满足汽车旅行者的特殊需求，从独院的设计到可以为会议和宴会提供全套设施的、装饰精美的汽车酒店，其形式可谓应有尽有。在多数国家，汽车旅馆属于酒店范畴，而且采用与之相同的标准。

5.3 餐饮、休闲、娱乐空间的平面布局及分类设计

5.3.1 餐饮、休闲、娱乐空间的平面布局

餐饮、休闲、娱乐空间的规划设计中，确定各空间的功能是至关重要的，也是风格主题的载体。当设计师充分分析市场，确定餐饮、娱乐、休闲空间的类型、服务方式、经营理念、所使用的系统以及其他相关因素之后，首要考虑的是空间的功能，空间主要由餐饮区、厨房区、卫生设施、衣帽间、门厅或休息前厅构成。

餐饮、休闲、娱乐空间的特点是休闲加餐饮，其中会有休闲娱乐项目的服务提供，因此功能的划分要能满足这方面的要求。功能分析的首要目标是根据距离、容量、速度和方向优化客流量，按照休闲餐饮空间的各个部分的功能，针对某种特定的关系进行分析和组合，无论该空间为单层还是多层，规模大小均可以采用功能分析图来表达各个部分之间的关系。

1. 餐饮、休闲、娱乐空间各功能区的划分和关系

在了解餐饮、休闲、娱乐空间规划之后，便可以开始空间计划程序的设计。首先分析餐饮、休闲、娱乐空间的面积计算方式，通常面积可根据其规模与级别来综合确定，一般按 $1.0 \sim 1.5 m^2$/ 座计算。面积指标的确定要合理，若指标过小，会造成拥挤；若指标过大，会造成面积浪费，利用率不高和增大工作人员的劳动强度等。

营业性的餐饮、休闲、娱乐空间应设有专门的顾客出入口、休息前厅、衣帽间和卫生门。餐饮、休闲、娱乐空间应紧靠厨房设置，但备餐间的出入口应处理得较为隐蔽，同时还要避免厨房气味和油烟进入餐厅。顾客就餐活动路线与送餐服务路线应分开，避免重叠，同时还要尽量避免主要流线的交叉。送餐服务路线不宜过长（最大不超过 40m），并尽量避免穿越其他用餐空间。在大型的多功能厅或宴会厅应以配餐廊代替备餐间，以避免送餐路线过长。

同时，以多种有效的手段（绿化、半隔断等）来划分和限定各个不同的用餐区，以保证各个区域之间的相对独立和减少相互干扰。

后房区的厨房面积同样可根据餐厅的规模与级别来综合确定，一般按 $0.75 \sim 1.2 m^2$/ 座计算。若经营多种菜品，所需厨房面积相对较大；若经营内容较单一，所需厨房面积则较小。厨房应设单独的对外出入口，在规模较大时，还需设货物和工作人员两个出入口。厨房应按原料处理、工作人员更衣、主食加工、副食加工、餐具洗涤、消毒存放的工艺流程合理布置。对原料与成品、生食与熟食应做到分隔加工与存放；相应的厨房只需设备餐间，若餐厅超过两层，厨房分层设置，应尽量在两层解决；垂直运输生食与熟食的食梯应分别设置，不得合用。

备餐间是厨房与餐厅的过渡空间，在中小型餐厅中，以备餐间的形式出现；而在大型餐厅以及宴会厅中，为避免在餐厅内的送餐路线过长，一般在大型餐厅会宴会厅的一侧设备餐廊；若仅仅是单一功能的酒吧或茶室，备餐间就是准备间或操作间。

餐具的洗涤与消毒须单独设置，厨房的加工间应有较好的通风与排气设备。若为单层，可采用气窗式自然排风；若厨房位于多层或高层建筑内部，应尽可能地采用机械排风。厨房各加工间的地面均应采用耐磨、不渗水、耐腐蚀、防滑和易清洁的材料，并应处理好地面排水的问题，同时墙面、工作台、水池等设施的表面均应采用无毒、光滑和易清洁的材料。

在某一饭店的经营中，食品储藏室、加工、食品服务区以及用餐区都应该彼此连接。

对于快餐店和小酒店之类的餐馆而言，其菜单选项有限，所以空间是非常重要的因素，烹饪和服务可以在用餐区进行，并且可以利用柜台和吧台设备突出装潢的特色。

规模比较大的饭店都属多项选择系统，每个饭店都主动提供一种不同的服务风格，同时都提供合适的菜单和价格表。

2. 餐饮、休闲、娱乐空间的交通枢纽——门厅

门厅是餐厅、休闲、娱乐空间的交通枢纽，是顾客从室外进入室内的过渡空间，也是留给顾客的第一印象的场所。因此，门厅装饰一般较为华丽，视觉主立面设店名和店标。根据门厅的大小，一般可选择设置迎宾台、顾客休息区、餐厅特色简介等，还可结合楼梯设置灯光喷泉水池或装饰小景。如图5-45所示。

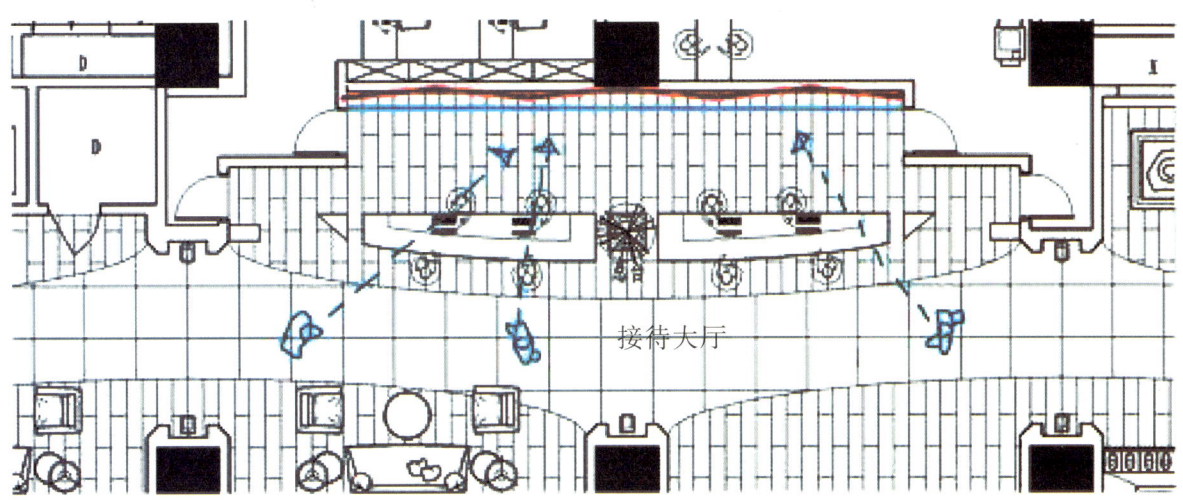

图5-45 某酒店大堂

附属式餐厅的前室，面向走廊、楼梯或电梯间，是从公共交通部分通向餐厅的过渡空间，常设迎宾台和顾客休息等候区。休息厅与餐厅可以用门、玻璃隔断、绿化池或屏风来加以分隔和限定。

3. 餐饮、休闲、娱乐空间的流线模式

（1）客流模式。

餐饮、休闲、娱乐设施的客流情况，主要由市场评估材料和其他同类机构中的经验资料来判定。一般应考虑的因素如下：

1）每天全部顾客人数、顾客前来的方式，并且按照一周五天工作及周末和季节性变化的范畴（确定销售潜力、最大规模，对员工的要求，经营方法可行性）。

2）客流集中到达的比率、时间、逗留时间（确定客流规划，服务及生产要求，员工班次安排）。

3）晚会、外卖餐销售以及早、午、晚餐等不同经营风格所需要的特殊要求，图5-46提供了某酒店大堂的客流分析图。

（2）重点功能区域客流

餐饮、休闲、娱乐空间功能区布置规划应遵循以下几点：

1）宴会厅、多功能厅、休闲厅在建筑内的位置应方便大股人流的集散。

2）宴会厅、多功能厅、休闲厅的宾客出入口应有两个以上，并作双向双开，尺度可比普通双开门稍大，出入口应与建筑内部的主要通道相连，以保证疏散的安全性。

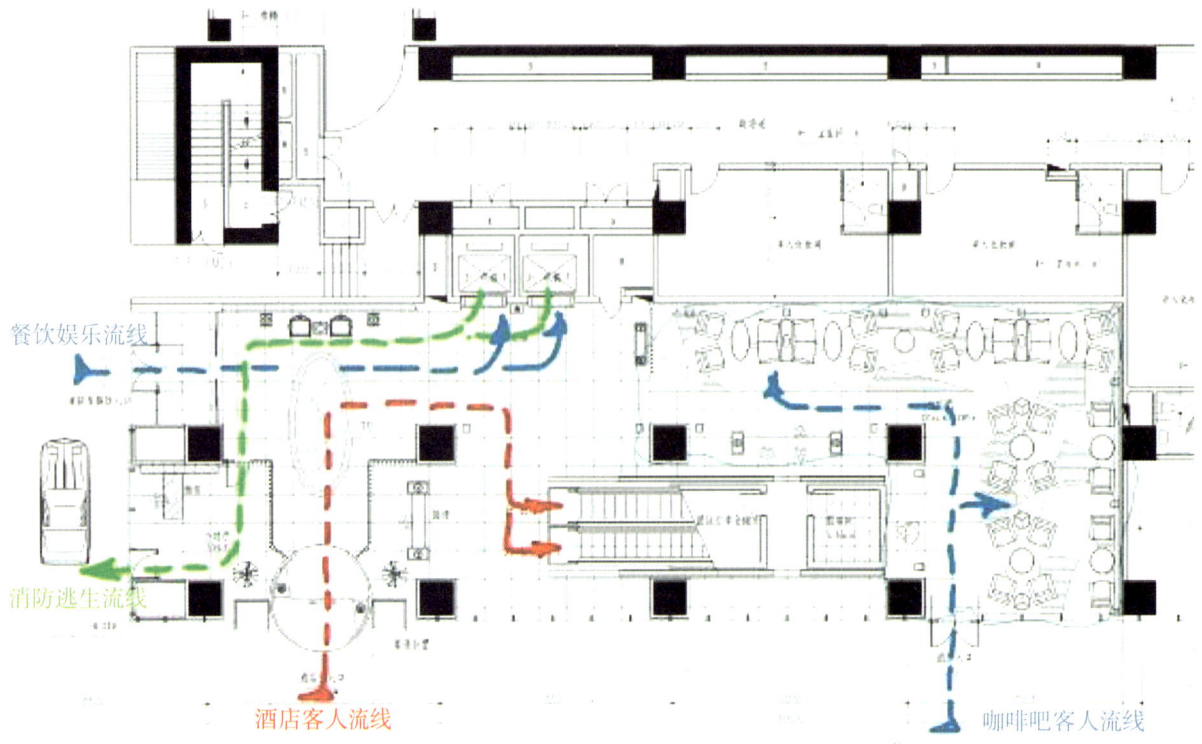

图 5-46 某酒店大堂客流分析

3）宾客人流与服务人流应避免交叉。由于宴会厅、多功能厅、休闲厅一般较大，一个服务口难以满足使用要求，同时又不易避免人流交叉，因此在宴会厅、多功能厅、休闲厅的一侧常设服务廊，通过服务廊，可以开设两个或两个以上的服务口。

4）宴会厅、多功能厅以及洗浴休闲厅的周边应有专用卫生间并满足人数较多时的使用要求，档次较高。

5）宴会厅、多功能厅、休闲厅周边的疏散空间内应适应布置座椅、沙发等，以保证宾客的休息、等候的要求。

6）其中多功能厅的周边须配置相应的储藏空间，储藏转换不同功能时多余的家具与用品。同时还应设专门的音响、灯光控制室。

4. 餐饮、休闲、娱乐空间的座位与柜台布置

（1）座位布置。

通常，饭店的座位及餐桌布局依情况不同会有相当大的区别，如图 5-47 所示，取决于以下几方面：

1）顾客情况，即平均用餐消费水平，顾客期望值。

2）用餐不同情况，即娱乐性用餐，主餐，消遣。

3）用餐服务方式，即自助服务，坐等服务方式，柜台服务。

4）布局类别，即共用餐桌，布局具有灵活性。

5）房间特点，即规模，窗子以及障碍物。

（2）柜台布置。

当确定柜台以及相关柜台凳的最佳尺寸时，要根据预计的使用者身材，以及加工和饮品服务的相关经营管理工作、人体工程学等多种因素加以考虑。

柜台的主要尺寸和设计要求概括如下。

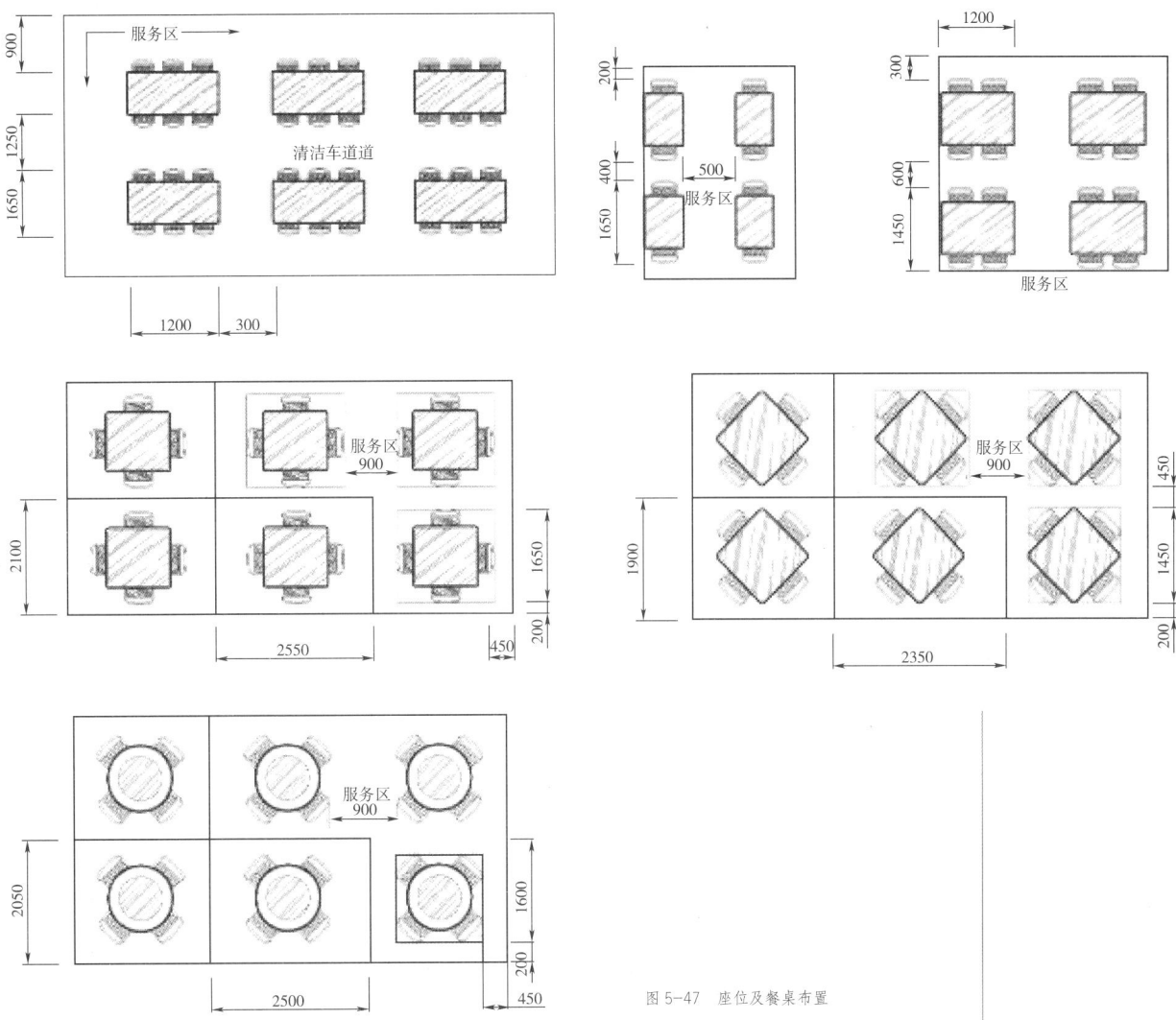

图 5-47 座位及餐桌布置

1）在柜台后面提供服务的员工的平均身高和向前所够到的最远距离。

2）柜台的空间必须满足陈列品摆放、加工和提供食品服务等活动，还要保证顾客进食的足够的空间。

3）对于坐（或站）在柜台旁边情况柜台高度要适宜。

4）舒适的就座的空间要适当，支撑要稳固，通道要顺畅而且使用方便。

5）操作高度：同普通身高的妇女的肘部一样，900mm；如果身高偏高，向前够到最远距离不会吃力，要达到 1080mm。

6）式样：比较高的部分用于一般服务，比较低的部分用于应急服务（约970mm）。

7）极限：柜台宽度最大值 600～700mm。

8）脐部活动空间：柜台凹陷或伸出最小值 230～300mm。

9）柜台凳：凳腿厚度为 230mm；在座位和伸出部分之间要有空隙。

10）不同高度：柜台的台面，柜台凳之间落差 280～300mm；柜台设计的典型的设计方案。

11）柜台凳高度：最短的凳腿的高约 460mm，凳子上要提供放脚的横梁或脚踏板，而且最大高度可达 800mm。

12）每人宽度：留出伸出肘部可达空间 600mm；如果条件有限可以减少到 550mm。

13）凳宽：为了舒适的目的，正常限度约为 360mm。

5.3.2 餐饮、休闲、娱乐空间的分类设计

5.3.2.1 餐饮空间的分类设计

1. 中餐厅空间设计

（1）平面布局与空间特色。

以宫廷、皇家建筑为代表的空间采用对称式布局，以中国江南园林为代表的空间采用自由与规格相结合的布局。

（2）家具的形式与风格。

一般选取中国传统的家具形式，尤以明代家具的形式居多。将传统家具进行简化、提炼，保留其神韵，这种经过简化和改良的现代中式家具，在大空间的中式餐厅中得到了广泛应用，如图5-48、图5-49所示。家具的形式和色彩基本决定了餐厅装修设计的基调。

图5-48 中餐厅中的明式家具

图5-49 中餐厅中的清式家具

（3）装饰品与装饰图案。

以一些带有中国特色的艺术品点缀室内空间，以求丰富空间感受，烘托传统气氛。比如传统吉祥图案的运用、中国字画的运用、古玩、工艺品的点缀、生活用品和生产用具的装饰。

2. 西餐厅空间设计

（1）平面布局与空间特色。

平面布局常采用较为规整的方式，酒吧柜台和三脚钢琴是西式餐厅平面布置中经常运用的元素。

（2）家具的形式与风格。

一般不会对餐桌的形式与风格作太多的要求，只要满足使用即可，餐椅造型简洁，且具有欧式风格。

（3）装饰品与装饰图案。

西式餐厅的装饰灵感应来源于欧洲的文化和生活方式，以及欧式古典建筑的细节，如线角、柱式、拱券、雕塑、西洋绘画等。

3. 日式餐厅空间设计

（1）平面布局与空间特色。

日式餐厅室内设计讲究空间的流动与分隔，形式多为高床地板，下部便于通风，可保持室内干燥。

（2）家具的形式与风格。

以榻榻米敷于地面，适合日本人跪坐式的生活方式。

（3）装饰品与装饰图案。

在内部空间装修材质上多选择接近自然的材质，简朴的方格形设计便于加工制作。

日本的枯山水介于中国庭院与山水盆景之间的空间尺度，它演变成在室内可以拉开的隔扇推拉门，直接看到观赏空间；神道信仰而重视材料的本身特色，将不经修饰的天然材料用来装饰空间和结构。

4. 东南亚餐厅空间设计

（1）平面布局与空间特色。

粗犷而豪放的线条、取源于大自然的真实质感，如图5-50、图5-51所示。

（2）家具的形式与风格。

藤式家具。取材自然，价格低廉，是东南亚家具最大的特点。

图5-50 粗犷豪放的柱子线条

图5-51 曼谷香格里拉大酒店清新自然的设计风格

（3）装饰品与装饰图案。

在东南亚家居中，有各种各样色彩艳丽的布艺装饰，最抢眼的要属绚丽的泰丝。还有其他以纯天然的藤、竹、柚木为材质，纯手工制作而成的多种家居装饰品。

5. 阿拉伯餐厅空间设计

（1）平面布局与空间特色。

平面布置上采用集中式构图，不强调平面的中轴线，而是强调垂直的轴线，体形完整，轮廓稳定。天花穹顶，回廊相连。

（2）家具的形式与风格。

沿弧形楼梯，双心圆券柱廊，这既是殿室内外空间的过渡，穆斯林礼拜出入殿时脱履空鞋之处，如图5-52、图5-53所示。

（3）装饰品与装饰图案。

殿堂一般都很淡雅、素洁，雕塑和彩画不多，柱券、屋面的穹顶相呼应，尖拱中心部位雕有精美的古兰经文。壁龛采用多圆心复叶型券壁龛形式，由汉白玉做成，晶莹洁白。花草植物图案、几何图形、阿拉伯数字做花边装饰。

图 5-52　亚特兰蒂斯酒店内部尖券的设计　　　　　　　　图 5-53　亚特兰蒂斯酒店大堂

5.3.2.2 休闲、娱乐空间分类设计

1. 歌舞厅、KTV 空间设计

歌厅、舞厅、KTV 空间设计要点主要包括以下三个方面：

（1）空间布局应尽量活泼，但也应有明确的区分。一般舞厅里都是舞池与坐席相邻，如面积较大，也可另设一些相对比较安静的坐席区及附设酒吧。

（2）这些娱乐场所的尺度处理应使客人有亲切感。空间较大时最好利用家具或其他手法构成尺度亲切的小空间。

（3）室内设计应以封闭为主。为避免噪音的折射，在造型上多运用弧线、曲线，装饰材料上以吸音和隔音材料为最佳选择。

2. 酒吧空间设计

酒吧就是以吧台为中心的酒馆，其空间布局中最重要的一点就是因地制宜。由于酒吧空间功能的单一性，因而，其注重的不是功能，而是风格，即酒吧的特色，如图 5-54、图 5-55 所示。

图 5-54　2046 酒吧内部布置　　　　　　　　　　　　　图 5-55　2046 酒吧内部吧台空间

一般来说，酒吧空间设计要点主要包括以下几个方面：

（1）室内设计以全封闭为宜，在空间处理时，应尽量以轻松随意为主，如图5-56所示。

图5-56 在空间处理时，尽量以轻松随意为主

（2）酒吧空间的布局一般分为吧台席和坐席两大部分，有些时候也可适当设置部分站席。吧台席一般都是高脚凳，这是因为酒吧的服务是站立服务，为了使顾客坐时的视线高度与服务员的视线高度持平，所以顾客方面的座椅要比较高。吧台座椅的中心距离应为580～600mm。一个吧台所拥有的坐席数最好在7个以上，如果吧台所拥有的座位数量太少，就会使人感到冷清和孤单而不受欢迎。坐席部分以2～4人一桌为主。由于酒吧空间不进行正餐，因此桌子一般较小，座椅的造型通常也比较随意，常采用舒适的沙发座，如图5-57所示。

图5-57 799会所座椅区，体现私密性的设计

（3）根据酒吧经营的性质，在处理酒吧空间时，宜把大空间分成多个小尺度的部分，这样可以使客人感到亲切。

（4）根据面积决定席位数。一般每席以1.1～1.7m²为宜，服务通道一般为850mm。

（5）酒吧空间内应设有酒贮藏库。因为在酒吧营业空间内，除了展示曾经用过的酒瓶和当日要用的酒瓶外，其余的酒瓶都应妥善地放置于仓库中，或顾客看不见的吧台内。

3. 洗浴空间设计

现代洗浴空间从功能到设施，一改以往的池式洗浴、洗泡、喷淋这一单调的洗浴模式，逐渐发展为以洗为主，以养为辅，多品种多功能的洗浴模式。现代的洗浴空间设计主要是为了解除都市人生活、工作之劳累，所以是集洗浴和休闲为一体的公共场所，如图5-58所示。

比较大型的洗浴空间具体项目、区域的划分为：更衣区、淋浴区、蒸汽区、桑拿区、火浴区、盐浴区、坐浴区、搓澡区、瀑布区、矿泉区、冲浪、牛奶区、红外线蒸干等主要空间，剩下的附属空间有的还设理发、按摩、客房、养吧等。

图 5-58　土耳其洗浴中心浴区

　　这些专业的设备一般都是成套化或装配化的，但也有单独的加热部件提供出售，因此，在装修过程中要注重各功能区域的合理划分，尽量避免交错和重复活动。一般情况下要注意，在冷热水管布线上要避免过长和转弯过多；灯具要尽量使用防雾、防水的灯具，同时并保证排风良好；材料的使用上，一般为大理石和钢化砖；天花板必须要有一定的高度，在视觉上有通透感，关键还是要注意通风。

★课后任务

（1）每个同学收集一个休闲娱乐空间设计的案例，用文字与图片的形式表述。

（2）设计一个商场内某种商品（服装、箱包、化妆品、鞋靴等）的展台平面布局，面积为 60m²，其余条件不限（手绘或者 CAD 表现均可）。

★推荐阅读

1. 洪麦恩，唐颖著. 现代商业空间设计. 北京：中国建筑工业出版社，2006
2. 周长亮，李远编著. 商业空间设计. 北京：中国电力出版社，2008
3. 周昕涛编著. 商业空间设计. 上海：上海人民美术出版社，2006
4. ［日］藤江澄夫著. 商业设施. 北京：中国建筑工业出版社，2002

第6单元　商业空间配套设计要素

授课形式：（1）计算机及多媒体教学。
　　　　　　（2）社会实践。
学习目的：（1）掌握商业展卖空间管网线路的铺设规律。
　　　　　　（2）电力、给排水、暖通设备的安装和设计要求。
学习重点：了解商业空间的配套设施。

6.1 设备管网设计

商业设施设备的规划设计因其规模、业态不同而不同,在进行具体规划设计时,应当遵循一套能够兼顾功能和经济成本的设计体系。尤其是百货店、大型批量销售店、购物中心等商业设施,除本身的商业店铺外,多与小剧场、多功能厅、运动设施、游泳池、网球场、文化教室等设施联建,设备部分就更为复杂。

6.1.1 电力

商业设施所使用的电力设备大致可分为以下几类:①受变电设备;②主干线设备;③照明设备;④防灾设备;⑤中央控制设备;⑥电话设备;⑦POS设备;⑧保安警卫设备。

1. 电力设备容量的测算

在制定受变电设备规划前,首先要测算使用电力容量,测算的主要内容包括:照明、冷冻、冷藏柜、厨房设备、空调卫生设备等动力用电。

营业厅的照度一般为800~1200lx,电力容量大于其他种类建筑。

另外,在百货店的地下食品营业厅、超级市场、批量销售店的食品营业厅等地方,集中了大量的蔬菜瓜果、鱼肉等生鲜食品。所以在规划时要注意,首先要根据所经营商品的数量,确定店内操作间的食品处理设备、冷冻、冷藏柜等电力设备的数量,而后再确定整个商业设施的电力设备容量。由于在超过一定规模后,店铺面积越大所经营的上述食品数量就越多,因此不同规模的商业设施的电力设备容量存在较大差异。所以,电力设备容量受食品营业厅的规模影响较大。

如果商业空间内又引入了饮食店、快餐厅等,厨房设备的电气化水平进一步提高,那么对电力设备容量的要求也会随之提高。

2. 电力设备规划设计

(1) 受变电设备的规划设计。

首先,如果条件允许,应当尽可能采用大容量的变压器以减少变压器台数,节省配电室空间,为今后增容预留空间。其次,因不能预先保留搬运设备线路,所以设计时注意保持与建筑规划充分协调、统一,避免造成空间浪费。第三,食品营业厅内,在当天停业、结束第二天的准备工作后,除冷冻、冷藏柜、保安用电外,基本上处于无负荷状态,特别是对大型店铺而言,多配备大容量的变压器,其无负荷耗电量不可小视,因此规划设计时重要的是如何解决夜间和休息日将变压器与母线脱离而产生的二次负荷问题。

(2) 受电电压、受电方式的确定、协商。

在进行规划设计前,应向电力公司提交规划用地规模、用途、预想合同供电量、未来规划等相关基础条件，并就受电电压、受电方式、引线以及收费等问题进行协商。

（3）干线设备规划分析研究。

由于大型商业设施的电力设备容量大，电力负荷分散，所以应尽量把变电设施设置在电力负荷中心附近。同时，由于电力负荷分散，造成变电设备被分布在多个地点，设置时要注意采用小规格的低压干线并尽可能缩短电线长度，这样设计有利于从整体上降低成本。

（4）照明设备规划分析研究。

在商业设施营业厅内，为确保商业设施的整体照明效果，多采用基本照明与突出商品的重点照明相结合的手法。规划设计时应当根据所经营商品的种类、商品的陈列方式，认真研究基本照明、重点照明的方式，以及照度和表现力。

（5）未来需求增长对策。

通常情况下，商业设施开张后，常会频繁更换店铺内部格局和调整所经营商品。伴随这种经营上的调整，店内照明设备的数量、种类以及照度等也需作出相应的调整，电力设备容量可能发生很大变化。所以，店内配电盘除了要配备充足的预备线路外，还应为增设分线用断路器预留一定空间。另外，如果今后打算增设低压线，为了方便增设作业，还必须留出架设EPS（电力设备布线用竖井）的空间。电力室也尽可能根据设施规模保证留出增设变压器、配电断路器的空间。

（6）供电方式的多样化。

近年来，为节省电费支出，越来越多的用户开始把内部紧急发电设备作为常用发电设备。还有一些用户采用高峰断电，减少合同供电量；或者设置储热槽，利用夜间低价电力储存昼间所需能源。

6.1.2 给排水

水是人们生活不可或缺的物质。单纯从维持生命的角度来讲，最低的需求量为1.5L/（人·d）。但是要保证人日常生活需求必须确保200～250L/（人·d）的水量。同时，由于客流量具有季节性的特点，比如在节假日、年末等促销时间，来店人数与平常相比约超出2倍，因此，在规划设计商业设施用水量时，必须对此有所考虑。同时，如果设施内还设有类似饮食店等不同业态、规模的各类店铺，水、气的用量变化就将更大，规划设计时对上述设施的种类、能源消耗情况等都要进行更加充分的了解。

另外出租店的格局、店铺的构成常会发生变更，所以给排水卫生设备的设计也必须留有修改余量。

1. 给水设备

商业设施的给水一般以在建筑物屋顶上架设高架水槽（水塔）的重力式供水为主。但如果是多层建筑，也可以采用压力式给水。给水方式又分冲厕（杂用水）和洗浴或厨房用水（上水）的两条系统的双管线式，以及单系统单管线式。通常，双系统双管线的杂用水系统水槽，无须6项检测，最大楼层常用混凝土地面，因此该楼层上的所有贮水槽、水池空间不必过大。特别是，如果打算利用雨水资源，设置中水管线，就更应当选择双系统双管线方式。

此外，不同的建筑用水量也不同，但通常情况下建筑面积每平方米的水耗约为 15～25m^3/d，所以所设计的贮水槽容积必须相当于用水量的50%。

另外，给水不仅仅是数量上的要求，水量的节约也是非常重要的。本着节约水的基本原则，水龙头的止水部分通常使用平行密封圈，如改为圆锥形密封圈，则其出水量约变为1/2，可以节水。抽水马桶也可以选取节水型产品。最有效的节水方式平时经常检查有无漏水现象，不要任意无节制的使用水冲洗，尽量使用杯子、脸盆等用具。在寒冷的北方地区，为了防止水冻结、水管冻裂，水管可使用保温材料，以便有效地保温。

2. 热水供给设备

在大型商业设施中，常设有餐馆或员工食堂，热水需求量大，因此多采用设置贮热罐集中供热，或在超级市场的操作间的厨房内安装天然气快速热水器，集中为所有的厨房提供热水。同时，对各出租饮食店，由于难以事先从总体上把握每一家店铺的热水消耗量，并且受无法计量、使用时间不同等因素的影响，不能较为准确地掌握使用量，所以，可以暂以出租店为单位进行规划设计。

热水用户主要为员工食堂、饮食店厨房等，热水供应量一般受饮食店的类别、规模所左右。也有一些高级店铺的洗手间为顾客提供热水。

3. 排水设备

餐馆厨房、食品营业厅等都必须设排水沟等排水设备，并最好配置滤油器。另外，厨房的排水应尽量与厕所排水系统分开设计。通常情况下，如果把餐厅安置在建筑顶层，那么其排水管线则走下层顶棚，因此在设计时要注意留出足够的层高。设计时室外排水，参照相关规范即可。但如果必须另外设置雨水贮水槽，或因无下水道而必须设置净化槽，因这些设施对建筑设计方案的影响较大，所以必须事先进行充分的调查研究。

6.1.3 暖通

在进行商业空间的空调设备规划设计时，空调设备必须与其自身所具有的功能和用途特点相适应。

1. 用途特点

（1）灵活性。

商品多种多样，商家经常按照季节调整商品的陈列或营业厅的装饰布局。为了能够适应以后营业厅的改装和扩大，应当设法使空调设备的负荷和供冷方式都留有余地，更具灵活性。

（2）用途的多样化。

一般商业设施内大多拥有很多用途与功能不同的分区，如开放时间不同的营业厅，以及后勤设施、多功能厅等，因此规划设计空调时要结合上述特点选定供冷方式以及实施分系统供冷。

（3）在出入口处减少外部空气的进入。

在商业建筑的出入口进出的人很多，冬季时容易对室内温度造成影响。进行设备规划设计时可以采用设置风帘减少影响，或在进行建筑平面设计时注意出入口的方位、位置、开间大小、挡风间的形态，以及安装挡风幔等减少外部冷空气的侵入。

（4）合理利用恒温空调。

营业厅内热源较多，如人、照明等都会产生一定的热量，致使很多商业设施在气候温和的季节，甚至是冬季都需要空调来调节室温。对此，应事先考虑采用何种方式调节营业厅的室温，是引入温和季节和冬季的室外空气供冷，还是在寒冷的冬季也启动空气压缩机制冷。

2. 设置要点

在设置室内供冷供暖设备时，要充分考虑平面的形状、顶棚的高度、窗的大小及位置，以便决定室内空调机的性能和设置场所。一般注意事项如下：

（1）尽可能设置在墙壁的中心，以使空气均匀流动。

（2）在设置时，不要使家具遮挡空气的流动。

（3）安装室内空调装置时，要在周围留有一定的修理、清扫所需的空间。

（4）使用地板下置型时，要使冷风向上，暖风横向吹出。

（5）散热器应设置在墙壁的窗下，以防止因冷风装置所引起的不舒适感。

（6）散热器应该设置在手不易触碰到的地方，以防止幼儿受伤。

（7）间歇运行暖气时，应该选择具有早晨迅速供暖能力的设备。

（8）采用中央式时，根据白昼和夜间房间的使用方法进行分区，应该能够按分区控制室内空调机。

（9）对冷气装置，为了分散冷气，希望设置再顶棚附近，应注意采用不要产生过冷的设置及布局。

（10）暖气的温度以 18℃以下为标准，冷气以与室外的温差 5℃为标准。

6.2 配套设施设计

后勤配套设施作为支撑店内营业厅高效运营和保持良好营业环境的辅助设施至关重要，同时也是方便员工工作、减少各部门能耗所必不可少的部分。

6.2.1 卸货场

店铺进货一般多在早晨至开店前进行，而各店铺卸货场的规模由进货车的车型、数量、卸货时间等因素决定。

一般货运台的设置要高于卸货场地面 60～100cm，为了方便卸货，还可以设置专门的卸货升降台。

另外，可以把商品管理办公室布置在货场附近，这样，可以在进出货物的同时，随时观察员工的出入情况。在进行平面设计时，还应在货场周围设置方便员工和货物上下移动的电梯，以提高劳动效率。

6.2.2 管理办公室和中央监控室

管理办公室具有监督员工出入、存包、保安待班等安全警备功能,以及管理各种内部机械设备和大楼物业等功能。

不同规模与选址的商业设施对办公室和中央监控室的设置有所不同,有的把各种功能集中在一个办公室内,也有的将防灾设备、中央监控等物业管理单独设立一处。因此,由于上述设施所承担的各项工作通常具有一定连带关系,所以在进行平面布局时,应尽量把它们就近布置。

有关中央监控室的设置,在日本已有相关法规要求:中央控制室一般选择安置在自外部可直接进入的位置。另外,为了确保该设施能够完成24小时全天候的连续勤务工作,在管理办公室和中央控制室有必要配备浴室、卧室、厕所等设施。

6.2.3 垃圾处理

商业设施所产生的垃圾一般种类繁多、量大,为了能够较好地解决垃圾处理的问题,人们一直在致力于垃圾的减量化处理。

在处理垃圾的过程中,垃圾的分类与清除搬运方法,直接影响着垃圾处理空间的规模。比如,生鲜垃圾首先要经过冷冻、冷藏抑制臭气散发,然后再进行其他的处理;废纸、纸箱等则需利用压实机先紧压处理;苯乙烯制品则需先加热融化、再固化后才能清除搬运。

那么,商业空间产生的垃圾,要依据不同种类等原因,进行合理的存放与处理。

6.2.4 电话、播音系统

1. 电话系统

交换机和对讲机在各类酒店电话系统中广泛使用,这些系统的复杂程度各不相同,而且日趋精密,其主要功能见表6-1。

表6-1 电话系统

私有自动分支交换机 PABX/PBX	直接拨号和计费;自动连接外线和分机电话;可以在超过50部分机的酒店使用
私有手动分支交换机 PHBX	所有来电和拨打外线电话都经由接线员控制;限制在10条外线以内;供小型酒店使用;安置在临近接待台的位置
私有手动交换机	供分机之间(客人、管理、保安)联络的独立内部系统;可与公用电话平行使用
对讲机系统	供管理、维修或保安联络直线和广播控制系统

2. 播音系统

在现代商业空间设计中,播音系统对环境气氛的烘托起到了促进作用。其中,播音系统包括选择、播放广播或者音乐,传送到各部分的扩音器中。麦克风线路连接组成了整个线路的可逆性,其系统大致可以分为两组:①整体组,同时传播到顾客区域和工作区细部;②局部组,供研讨会、多媒体厅、展览等特殊工能房间和休息大厅使用。

局部归属于整体，局部与整体系统可以相互连接。

扩音器作为系统的重要组成部分，为保证效果清晰应有：①足够多的扩音单元；②根据功能不同设置多个频道；③不同功能区分类音量设置；④顾客区域可进行单独选择和控制。

6.2.5　计算机操作系统

网络和计算机的蓬勃发展以及迅猛普及，使其快速在酒店管理体系中得到了广泛应用。高效率的信息处理、个性化的设置、完整的调配系统等，使其成为了现代商业管理的重要组成部分。

一体化的计算机操作系统，能够以独立应用的或是完全整合的方式执行信息与程序，见表6-2。

表6-2　　　　　　　　　　计算机操作系统

前厅服务部	包括预订、结账、网络识名以及咨询系统
物业管理部	包括能源管理、生命和财产安全、安保监控、物业维修服务等
调度部门	包括库存、餐饮、订货、暖通控制以及客房、工作进度、工资系统
个人应用	一般或特殊工作使用，主要有财务分析、文字文档处理等

6.2.6　停车场规划

在现代商业空间中，停车场虽然占地面积很大且没有直接的经济利益，但是解决不好会直接损害商业的形象，降低商业的吸引力。停车场主要分类：广场式停车场、附设式停车场、独立式停车库。

国外的商业建筑中，停车场所占的比例一般较大，有些占到基地总面积的1/4，每一车位面积可采用25～30m^2计算（不包括车行道、通道与绿化面积）。总之，停车空间要根据大型车、中小型车的不同种类，设置必要的不同停车空间。

6.3　无障碍设计要素

在现代设计中，越来越多的建筑主入口和小区通道均设置了无障碍通道，某些公共厕所也设有残疾人卫生间；有些办公塔楼每层都能够设置1个残疾人卫生间；大型酒店部分在适当位置设置了无障碍客房，为各类人士提供了方便和安全。

无障碍设计中要具体体现人性化关怀，主要设计要点包括以下内容。

1. 坡道

（1）坡道与阶梯并设，以备人们选择。

（2）坡道要缓，一般不大于1/12，两侧有保护装置。

（3）宽度视环境而定，但两轮椅通过时净宽不得小于900mm。

（4）坡道起点、终点、转弯处都必须设休息平台。长度超过9m时，每隔9m要设一个轮椅休息平台。

（5）地面采用防滑材料。

（6）坡道凌空时，在栏杆下端应设高度不小于50mm的安全挡台。

2. 出入口

（1）至少要有一个出入口平进平出，不设台阶和门槛，室内外地面有高差时应采用坡道连接。

（2）出入口的内外，应留有不小于1.5m×1.5m平坦的轮椅回转面积。

（3）出入口设有两道门时，门扇开启后应留有不小于1.2m的轮椅通行净距离。

（4）应设在通行方便和安全地段。室内设有电梯时，设出入口宜靠近候梯厅。

3. 门

（1）公共场所最好使用自动门，旋转门、弹簧门最不适宜。

（2）门扇开启的净宽不得小于0.8m。

（3）必要的地方门前设置盲道，装音响指示器。

（4）公共走道的门洞深度超过0.6m时，门洞的净宽度不得小于1.1m。

4. 走道

（1）室内走道应与出入口、电梯厅、安全出口及商场内各部分的标高一致，若有高差应设坡道。

（2）通过一辆轮椅的走道净宽不应小于1.2m；通过一辆轮椅和一个行人对行的走道净宽不应小于1.5m；通过两辆轮椅的走道净宽不应小于1.8m。

（3）供残疾人使用的走道两侧的墙面应在0.9m高度出设扶手，走道转弯处的阳角，宜为圆弧墙面或切角墙面，走道两侧墙面下部，应设0.35m高的护墙板，走道一侧或尽端与地平有高差时，应采用栏杆等安全措施。

（4）走道两侧不应设置突出墙面影响通行的障碍物。

（5）走道尽端供轮椅通行空间，因开启门的方式不同，走道净宽不应小于图示尺寸。

5. 楼梯和台阶

（1）梯段净宽不宜小于1.2m。

（2）踏步面的两侧或一侧凌空时应防止拐杖滑出，应在0.9m高度设扶手，扶手宜保持连贯。

（3）楼梯起点和终点的扶手应水平延伸0.3m以上。

（4）供拄杖者及视力残疾者使用的台阶超过3级时，在台阶两侧应设扶手。

6. 电梯

（1）电梯候梯厅的面积不应小于1.5m×1.5m。

（2）电梯门开启后的净宽不得小于0.8m，入口平坦无高差。

（3）电梯轿厢面积不得小于1.4m×1.1m。

（4）肢体残疾及视力残疾者自行操作的电梯，应使用残疾人使用的标准电梯。

（5）轿厢内设音响器，报告所到层数，方便盲人使用。

7. 柜台

（1）专用柜台设在易于接近的位置上。

（2）为轮椅使用设计低柜台，台面要尽量薄，下部留出保证腿部伸入的空间，以便残疾人身体可以靠近。

（3）盲人柜台可利用普通柜台由盲道引导到达。

8. 卫生间

（1）卫生间内应留有 1.5m×1.5m 轮椅回转面积。

（2）隔间门向外开时，间内的轮椅面积不应小于 1.2m×0.8m。

（3）楼梯起点和终点的扶手应水平延伸 0.3m 以上。

（4）男卫生间应设残疾人小便器。

（5）在大便器、小便器邻近的墙上，应安装能承受身体重量的安全抓杆，抓杆直径为 30～40mm。

9. 步行广场

残疾人能过人行道，进入广场，到达建筑物出入口，应设无障碍通行路线，有高差的地面需设 1/12 的坡道。

10. 重点部位的无障碍设计

（1）出入口有高差处应设供轮椅通行的坡道和残疾人通行指示标志，厅内应尽量避免高差。

（2）多层营业厅应设可供残疾人使用的电梯。

（3）供坐轮椅购物的柜台应设在入口易见处。

（4）盲人应通过盲道引导至普通柜台，走道四周和上空应避免可能伤害顾客的悬突物。

（5）按规范设计提供残疾顾客使用的专用卫生设施。

（6）可作听觉方面的引导、提示，得到专职导购人员的引导、帮助。

在欧美等发达国家，无障碍设计是建筑与室内空间设计的共同的基本要求。鉴于中国的基本国情和原有建筑的现状，在设计实践中，许多旧建筑的改造项目中无障碍设计的实施往往具有相当的难度，一定程度上，无障碍设计原则还只是作为指导性原则来执行。但我们相信，随着国家经济文化的发展，这一设计原则将会很快成为建筑及其他设计中的一种基本认识。

★ 课后任务

（1）每个同学收集一个商业空间无障碍设计的案例，用文字与图片的形式表述。

（2）绘制一个餐饮空间的弱电插座定位图、开关控制图（平面图已给出），要求设计的规范且合理。

★ 推荐阅读

1. 洪麦恩，唐颖著. 现代商业空间设计. 北京：中国建筑工业出版社，2006

2. 周长亮，李远编著. 商业空间设计. 北京：中国电力出版社，2008

3. 周昕涛编著. 商业空间设计. 上海：上海人民美术出版社，2006

4.［日］藤江澄夫著. 商业设施. 北京：中国建筑工业出版社，2002

5. 张绮曼，郑曙旸. 室内设计资料集. 北京：中国建筑工业出版社，1991

6.［日］建筑设计资料集成. 北京：中国建筑工业出版社，2002

第7单元　商业空间照明设计

授课形式：（1）计算机及多媒体教学。
　　　　　　（2）社会实践。
学习目的：（1）掌握商业空间照明设计的基本原则。
　　　　　　（2）了解照明的不同指标。
　　　　　　（3）了解照明的不同作用。
　　　　　　（4）掌握不同的照明方式。
　　　　　　（5）了解照明设计的要点。
学习重点：商业空间照明设计的要点及光照的情感分析。

每一种商场照明系统都应该是有助于完成某种功能的。照明系统应引导顾客进入商场,把顾客的注意力吸引到商品上,应能创造舒适的购物环境,刺激顾客购买欲望,同时满足顾客及服务人员店内店外走动时的安全需要。但是,在所有这些功能中,照明系统最重要的一个功能应是:通过创造一个合适的照明环境,以尽可能吸引人的方式表现商品。照明系统是建筑师、业主、室内设计师等在其设计过程中应尽可能早地考虑的问题,因为照明是室内装修不可分割的一部分,不应该单独考虑。

7.1 照明的基础知识

7.1.1 现代照明设计的发展与要求

现代照明设计的出发点已经远远超出了功能上的需求,完美的照明设计从本质上来说是技术与艺术结合的产物。

"光"具有显现或改变空间形象的本领,具有烘托气氛传递情感的魅力;"光"与"影"同时出现,就具有虚幻神秘的造型能力。认识和发挥"光"的特质,充分发掘照明设计的艺术效果,提高室内设计的文化价值,在当前室内设计日益提出更高目标、更高境界之时,发挥着愈来愈大的作用。

掌握"光"的控制技术,才能对"光"进行合理的科学的设计,才能满

图 7-1 新技术在照明设计中的运用

图 7-2 新工艺在照明设计中的运用

足人的视觉生理和视觉心理的需求。现代照明技术的发展,现代光源的呈现,现代灯具的不断革新换代,都为照明设计提供了广阔的发展前景。技术、材料与施工是实现设计效果的桥梁,新产品、新材料、新技术、新工艺的不断发展与更新为人们展示出各式各样的光的设计,如图 7-1 ~ 图 7-4 所示。

图 7-3　迪拜帆船酒店大堂照明设计

图 7-4　美国某酒吧照明设计

7.1.2　天然光线的利用

　　自然光源是以太阳为光源所形成的光环境，它是利用地球自转与太阳的光照而形成光线的自然变化，是照明设计中采用的一种主要光源，故被称为自然采光。自然光作为设计中一种主要的照明光源，故而经常被设计师们巧妙的利用于各种设计中，如图 7-5、图 7-6 所示。如德国议会大厦，天然光在这里得到最大限度的利用，屋顶采用角度经过精确计算的棱镜玻璃，不仅在一年四季的白天获得均匀舒适的天然光，而且在冬季太阳高度角较低时允许热量进入，而在夏季太阳高度角较高时阻止热量进入，对天然光的利用可谓淋漓尽致。

图 7-5　商业中心公共区自然光源的运用

7.1.3　照明光源的类型

　　照明光源可分为固体发光源和气体放电发光光源两大类。固体发光光源主要是利用电流将物体加热到白炽程度而产生发光的光源，如白炽灯、卤钨灯。气体放电光源是利用电流通过气体而发射光的光源，具有发光效率高、使用寿命长等特点，使用极为广泛。

图 7-6　商业购物中心自然光源的运用

放电光源按放电的形式分为以下两种：

（1）弧光放电灯。这类光源主要利用弧光放电柱产生光（热阴极灯），放电的特点是阴极位降较小，如荧光灯、汞灯、钠灯等。这类光源通常需要专门的启动器件和线路才能工作。

（2）辉光放电灯，又称冷阳极灯。这类光源由正辉光放电柱产生光，放电的特点是阴极的次级发射比热电子发射大得多（冷阴极），阴极位降较大（100V左右），电流密度较小，如霓虹灯，这种光源通常需要很高的电压。

近年来照明技术的发展突飞猛进，新的照明产品层出不穷。新光源如微波硫灯、单色金卤灯、冷阴极管、发光二级管、场致发光带等等，它们不但效率高，而且寿命长，对环境危害小。桥栏杆采用发光二级管（LED）照明，这种光源具有体积小、安装灵活、发热量低、耗电量小、无污染的特点，而且通过混光可实现的光色范围较大，据预测LED未来的光效将会大幅度提高，它将成为本世纪最具发展潜力的新一代光源。此外，照明控制将继续向智能化的方向发展，这样不仅能提高设备的使用和管理效率，而且能大大节省电能。

7.1.4　物品的显色性

物品的显色性是指在光源的照明下，与具有相同或接近色温的黑体或日光的照明相比，各种颜色在视觉上的失真度，一般用显色指数 Ra 来表示。

光射到某一物体上，物体对光表现出有选择地反射、透射和吸收。在这个过程中，如果所反射或透射的是与物体颜色相同的色光，则观察者就能感受到物体的颜色如图 7-7 所示。那么，用不同种类光源的光去照射同一物体，由于光源的光谱成分不同，物体反射或透射出的光谱成分也就不同，从而最终使人们得到不同的颜色感觉。例如，观看同一块花布，在天然光照射下和在高压汞灯照射下就会感觉到有明显的差别，如图 7-8 所示。

由于人类长期在日光下生活，习惯了以日光的光谱成分和能量为基准来分辨颜色，所

图 7-7　光源的光谱成分呈现物体的不同显色性

图 7-8　照明与室内装饰色彩的协调性

以在显色性测定中,将日光或与日光很接近的人工标准光源的一般显色指数定为100,如图7-9所示。

对同一物体,在被测光源的光照射下呈现的颜色,与标准光源的光照射下呈现的颜色的一致程度越高,R_a则越大,显色性越好;一致程度越低,R_a越小,显色性越差,见表7-1。

图7-9 人工标准光源的展柜照明

表7-1　　　　　　　　　常用电光源的一般显色指数 R_a

光　源	显色指数 R_a	光　源	显色指数 R_a
白炽灯	97	高压汞灯	22～51
日光色荧光灯	80～94	高压钠灯	20～30
白色荧光灯	75～85	金属卤化物灯	
暖白色荧光灯	80～90	钠—铊—铟灯	60～65
卤钨灯	95～99	镝灯	85以上
氙灯	95～97	卤化锡灯	93

光源的色温和显色性之间没有必然的联系,因为具有不同的光谱能量分布的光源可能有相同的色温,但显色性却可能差别很大。例如荧光高压汞灯的色温高达5500K,从远处看它发出的光又白又亮如同日光(6500K),但它的光谱能量分布却与日光的相差很大,其光谱内青蓝、绿光多而红光很小,被照的人或物体显得发青,显色性差(R_a仅为22～51)。而白炽灯的色温为2800～2900K,从远处看它的光呈黄红色,但它的显色指数可达97,这表明白炽灯的色温较差而显色性则较好。

7.1.5　商业空间照明的分类与方法

商业空间照明一般分为三类:

(1)一般照明:创造一定的风格,避免产生平淡感,明亮程度要适当,考虑显色性。

(2)重点照明:突出商品(与一般照明比较为3~5倍)。高亮度表现光泽,强烈定向光突出立体感和质感。

(3)装饰照明:表现业务状态和顾客性格气氛照明,要注意与内部装饰协调起来。

不同空间的照明控制见表7-2。

表7-2　　　　　　　　　　不同空间的照明控制

空间分类 项目	店　　铺					地下街等公共通道	饮食店
	地下	1层	标准层	特卖场	美术工艺品营业厅		
人员(人/m²)	0.5～0.8	0.5～1.0	0.4～0.6	0.5～1.5	0.3～0.4	0.3	0.6～1.0
照明(W/m²)	40～90	50～100	50～90	60～80	50～	30～40	40～80
备　注	在实际经营中,也有3～4人/m²的情况出现					高级饮食店的顾客人数、照明等负荷皆较少	

照明设计方法大致分为以下 4 种方法。

（1）使过路人停留浏览商品的照明方法。

有对比感；设置有特征的电器标志或招牌灯；调光器使照明变化；依靠强光使商品显眼；强调商品的立体感、光泽感、材料质感和色彩感；利用装饰的灯具以引人注目；使照明状态变化；利用彩色灯光，使商品和展示显眼，如图 7-10 所示。

图 7-10　照明使空间照明状态产生变化，灯光使商品显色更加明显

（2）吸引进入商店的照明方法。

从商店入口看进去的深处正面采用明亮的照明；在主要通路的地面上做成明暗相间的图案，表示出韵律感；在重要的地方设置醒目的装饰用灯具，如图 7-11 所示。

（3）使顾客在店内能顺利走动的照明方法。

售货处的主要通道照明，要研究其照明效果，使之有变化；售货处设置顶盖、柱饰等内部装饰时，要把照明一同考虑；个别处设置脚光照明，使走动时有安全感；以光线划分售货区的不同区域。

（4）眼睛不疲劳的照明方法。

采用炫光少的一般照明；重点照明考虑照射方向和角度，还要考虑它的反射光；用强光向商品照射时，光源要充分遮挡以防止炫光；装饰用灯具不可兼作一般照明和重点照明；提高墙面亮度，使商店有明亮的感觉。

图 7-11　入口处照明展示灯具的造型美

7.1.6　照明中的阴影处理与色彩变化

处理阴影实际上是照明艺术中的一个内容，我们就以模特人型的照明为例来说明：灯光如果从侧上方照射，那么面部和颈部便会出现阴影，其效果就如我们日常所见；如果将灯光从人体下侧向上照射，那么面部就将出现投影，其效果便与日常所见相悖，故此，感觉怪诞，甚至恐怖；如果将多侧灯光同时照射对象，则可以减弱或消除阴影，就像医院手术室里的照明一般。所以，根据这一特点，设计者可以利用不同的照明角度，选取比较适合的照射角度，从而使之产生美妙的立体感的效果，如图 7-12 所示。上述所说的照射角度，也就是平时我们熟知的顶光、底光、顺光、侧光、逆光等。在照明领域里，"造型"这个词表明了三维物体在光照射下所呈现的某种状态，这种状态主要是由光投射方向以及直射光和漫射光的比例决定的。在店内展示设计中，展品的立体感主要是由受光正面

与背面的阴暗差而形成，那么恰当的明暗反差比应该在 1:3～1:5。因此，巧妙的应用光阴影造型，就可以制造出雕塑般的艺术效果。

此外，如何运用灯光色彩的变化，以制造戏剧性的气氛，也是照明艺术设计中的另一个重要内容。比如，利用色彩的联想，就可以用冷色调的光模仿月光的自然效果，或者也可以用暖色调创造出炎热的阳光效果或火焰。因此，如果将商品陈列中的灯光效果处理得当，那么，就会产生对消费者比较强烈的吸引效果。综上所述，在作灯光色彩处理时，就必须要充分考虑到有色灯光对展品或商品固有色的影响，尽量不要使用与商品色彩呈高对比的色光，从而避免造成商品色彩的歪曲。

图 7-12　避免直接光源，采用格栅灯或嵌入式筒灯；避免刺眼眩光，并使用暗藏光

7.2　商业空间的分类照明

7.2.1　基本照明

基本照明又称整体照明，指大空间内全面的基本照明，即整个商店的空间照明。

基本照明的基本作用是把空间照亮，必要的时候，创造一定的风格特性，避免平淡，与此同时还要考虑其显色性能。需要注意的是，基本照明的明亮程度要适当，从而避免消费者在突然进入商场时，产生严重的明暗感觉，引起反感。

基本照明一般采用的是泛光照明或间接光照明的方式，有些时候还会在比较重要的展区用灯光作重点照明，如图 7-13、图 7-14 所示。通常情况下，为了突出店内的照明效果，基本照明的照度不宜太强，比如，用格片等来遮挡斜射的光线，使灯具不太显眼；或者在一些设有电视、显示器等设备的区域，通过遮挡等方法，减少基本照明光源的影响。另外，在某些人工照明的环境中，普通基本照明的光源，可以根据展示活动的要求和人流的情况等增强或减弱，从而创造出一种富有艺术感染力的光环境。

图 7-13　酒店休闲区空间内的基本照明方式

图 7-14　商品陈列区域的基本照明方式

7.2.2　重点照明

重点照明是指对主要场所和对象进行重点投光，目的在于增强顾客对目击对象的吸引力和注意力，其亮度是根据商品种类、形状、大小以及展览方式等来确定的。而且，要注意其亮度与周围店堂空间的基本照明相配合，一般使用强光来加强商品表面的光泽，强调商品形象，其亮度是基本照明的 3～5 倍。为了加强商品的立体感和质感，常使用方向性强的灯和利用色光以强调特定的部分，如图 7-15 所示。

图 7-15　灯带渲染的装饰照明的效果

对于封闭式的展柜，通常情况下都是用来陈列较为贵重的、易损坏的或要重点突出的商品，如珠宝商店等，一般都采用顶部照明的方式，即把光源设在展柜的顶部，同时在光源与展品之间用磨砂玻璃或光栅隔开，以此来保证光源的均匀。如果光源为白炽灯，还应设有通风散热的装置。另外，如果展柜是比较低矮的、可俯视的，那么我们也可以利用底部透光来照明，或者是通过在其内部安装低压卤素射灯来解决低矮的问题。通常情况下，我们尽量使用带有遮光板的射灯，并仔细调节其角度，从而来减少眩光对观众的干扰。假如展柜中没有正常的照明设施，那么就需要靠展厅内的灯光来照明，这时就必须要保证展厅内的射灯位置及角度的适当，而且最好离展柜较近，这样就可以减少玻璃的反光对光线的消耗。

墙体、展板和店内装饰作品等的照明，通常情况下都是垂直表面的照明，因此，这类照明大多采用直接式的照明方式。这种直接照明的方式有两种：一种是利用设在展区上方的射灯来照明，灯的照射角度保持在 30°左右，以此来达到满意的照明效果；另一种是在展板的顶部设置灯檐，然后在灯檐内设置荧光灯，从而来达到照明效果。两者相比较而言，前者的聚光效果比较强烈，适合于商品名、标识或其他需要突出的展品展示，而后者的光线就比较柔和，适合于商品其他信息的展示等。

7.2.3　装饰照明

装饰照明，顾名思义就是装饰用的照明，它是为了对室内进行装饰，增加空间层次，制造环境气氛而出现的，如图 7-16 所示。装饰照明始终只能是以装饰为目的的独立照明，不兼作基本照明或重点照明，否则就会削弱精心制作的商品形象。

一般来说，装饰照明并非直接的显示展品，也没有真正的照明功能，而只是仅仅用照明的手法渲染环境与气氛，从而创造特定的情调。在商业展示空间内，通常运用泛光灯、霰生器和霓虹灯设施等的精心设计，来营造别致的艺术气氛。需要注意的是，为了避免消费者眼睛的疲劳，装饰用灯具不可兼作基本照明或局部照明。

图 7-16　天花造型曲线运用富于变化

7.3　不同类别商业空间的照明设计

7.3.1　商业展卖空间的照明设计

1. 基本照明方法

（1）确保亮度的照明。

在商店入口处，适当加大亮度，常利用荧光灯所发出的均匀的、柔和的灯光作为整体照明。

（2）获得闪光效果的照明。

采用闪烁的灯光照射店面，引起顾客的注意与好奇。

（3）获得装饰效果的照明。

利用通透的玻璃窗，使室内豪华的、富有装饰性的灯具，成为室外店面的装饰图案，使店面富有生气，引人入胜，但应考虑与周围环境相协调，考虑整个商店的平衡。

2. 照明设计要点

（1）亮度大体标准。

一般店面的亮度要比店内亮度稍大一些，但也不能过于明亮，产生店内透明效果差、店内阴暗的感觉。因此，店面亮度与店内亮度的协调是很重要的。一般采用局部照明与基础照明相结合的办法。

（2）店内透视度的确定。

从功能上讲，有些店需要透明度高些，有些店不希望透明度太高，往往有意识地提高明暗对比，降低店内透视度（个人隐私的店）。所以需先确定店的类型。

（3）闪光强度要适可而止。

避免光污染、眩光等。

（4）招牌要醒目。

吸引人，并注意安全。

7.3.2　餐饮、空间照明的设计

1. 西餐厅

大厅照明要主次分明，繁简得当，可在中央悬挂枝形吊灯，在周围配置较小的筒灯或吸顶灯，也可使用发光槽或发光龛，使天花具有丰富的造型。

注重灯光效果，除举行大型宴会的大厅使用枝形吊灯以形成华丽的气氛外，一般营业性西餐厅，大多使用相对暗淡的灯光，以营造一种幽静、朦胧的气氛。

2. 中餐厅

采用与环境照明相同的灯具（常常为点光源）进行组合，形成局部密集，从而产生重点照明。这种方法常常应用于空间层高偏低，以及较为现代的中式餐厅。

采用中式宫灯进行重点照明，这种方法常结合顶棚造型，将灯具组合到造型中，适合于较高的空间，以及较为地道的中式餐厅。这种传统中式宫灯应根据空间的高低来确定选

用竖向还是横向的灯具。另外，宫灯在大餐厅中的数量要恰当，不宜过多，否则会造成零乱之感。任何一种灯具的选择都应充分注意到其显色性，显色性不好，会影响到食物的色彩，造成变色，从而影响顾客的食欲。一般说来，白炽灯的显色性比较适合于餐厅，也可以在以白炽灯为主的基础上，在一些走道部分，运用少量节能灯，与白炽灯相间隔，达到既注意显色性又节约能源的效果。餐厅中切忌用彩色光源。

3. 东南亚餐厅

环境照明要求光线柔和，应避免过强的直射光。顶棚常用古典造型的水晶灯、铸铁灯，以及现代风格的金属磨砂灯。

墙面经常采用欧洲传统的铸铁灯和简洁的半球形上反射壁灯；结合绿化池和隔断常设庭园灯或上反射灯。

★ 课后任务

（1）根据本单元的内容，为一个面积是 100m² 的服装专卖店做灯光照明设计，其余条件不限（手绘或者 CAD 表现均可）。

（2）要求作业中体现重点照明、局部照明的方式。

★ 推荐阅读

1. [日] 建筑设计资料集成. 北京：中国建筑工业出版社，2002
2. 张绮曼，郑曙旸. 室内设计资料集. 北京：中国建筑工业出版社，1991
3. 洪麦恩，唐颖著. 现代商业空间设计. 北京：中国建筑工业出版社，2006
4. 周长亮，李远编著. 商业空间设计. 北京：中国电力出版社，2008
5. 周昕涛编著. 商业空间设计. 上海：上海人民美术出版社，2006

第8单元　商业空间色彩设计

授课形式：（1）计算机及多媒体教学。
　　　　　　（2）社会实践。
学习目的：（1）掌握色彩的冷暖、分量、尺度等不同心理感受在商业空间设计中的运用。
　　　　　　（2）了解色彩设计的特性。
　　　　　　（3）掌握色彩设计的原则。
　　　　　　（4）掌握色彩创意设计。
学习重点：商业空间中色彩运用的个性化原则。

商业空间的色彩表现是以空间形态为载体而完成的。色彩作为首要视觉语言，是借助材料来表达、传递感情的，色彩逐渐成为影响人们生理与心理变化的因素，因此，色彩不能游离于材料之外而独行，色彩担负有衬托艺术空间的作用。用主观的因素调整色彩感知力的问题，同艺术教育和艺术修养一样，都与建筑艺术和商业空间的设计有着密切的关系。

8.1 色彩的感受效应及其在商业空间设计中的作用

由于色彩在物理、生理与心理方面所起的作用，决定了其在社会学和美学上的极高价值。当然色彩也是设计构成要素中极重要的形式要素之一。

8.1.1 色彩的感受效应

牛顿的三棱镜光学实验证明，色的概念实际上是不同波长的光刺激人眼的视觉反映。这种视觉反映还体现在物理性质方面，如冷暖、远近、轻重、大小等，形成这种现象不仅是由于物体本身对光的吸收和反射不同，而且物体间的相互作用所形成的错觉也是原因之一。

1. 冷暖感

色彩的冷暖感主要是由色相来决定的，可分为暖色系，如红、橙、黄；冷色系，如青绿、青、蓝；中性色系，如绿、紫。具体地说，在色彩学中，把不同色相的色彩分为热色、冷色和温色。从红紫、红、橙、黄到黄绿色称为热色，以橙色为最热。从青紫、青至青绿色称为冷色，以青色为最冷。紫色是红色与青色混合而成的，绿色是黄色与青色混合而成的，因此是温色，也就是中性色。这与人们长期的感觉经验是一致的，当人们的眼睛看到某种色彩时，受到一定的刺激，会产生许多在客观外界所习见的种种概念，引起一些联想。如红色、黄色，让人联想到东方冉冉升起的太阳和燃烧的火焰等，感觉热；而青色、绿色一类像水一样的色彩让人联想到人海、晴空、阴影、森林等，感觉冷。但是色彩的冷暖是比较而言的。如红比红橙较冷，红比紫较热，但不能说红是冷色。另一方面，在同一色相中，明度的变化也会引起冷暖倾向的变化。比如，在同一色彩中掺入白色，色彩的明度得到提高，但同时色性也会趋向于冷，而掺入黑色，明度降低，色性就会趋向于暖。此外，环境色的影响也是不容忽视的，如小块白色与大面积红色对比下，白色明显地带绿色，即红色的补色的影响加到了白色中。因此，色彩的冷暖性质是相对的，不是绝对的，不能孤立地来看，如图8-1、图8-2所示。

图 8-1　色彩的冷暖感（冷暖对比，暖色为主） 　　　　图 8-2　色彩的冷暖感（冷色为主）

2. 距离感

色彩可以使人感觉进退、凹凸、远近的不同。达·芬奇首次提出"空气透视"的理论，他认为描绘风景时，远景由于透过层层空气，色彩应画得冷一些，对比也应弱一些，近景则应画得暖一些，对比也应强一些。在心理上，一般暖色系和明度高的色彩具有前进、扩张、突出、接近的效果，而冷色系和明度较低的色彩则具有后退、收缩、凹进、远离的效果。室内设计中经常利用色彩的这种视觉规律去改变空间的大小和高低，强化空间的深度，如图 8-3 所示。

3. 轻重感

色彩的轻重感是有一定规律的，主要取决于明度和纯度。明度高的具有轻感，如桃红色、浅黄色；明度低的具有重感。纯度高的暖色具有重感，纯度低的冷色具有轻感。这种感觉与人们在日常生活中的切身体验是分不开的。如白色物体让人感觉轻飘，如白色的棉花、纱窗等，黑色物体让人感觉沉重，如黑色的金属等。因此，在室内色彩设计中，通常采用上轻下重的手法，构图中常结合色彩轻重感的规律达到平衡、稳定的需要，以及表现风格的需要，如轻飘、庄重等，如图 8-4、图 8-5 所示。

图 8-3　色彩距离感的表现

图 8-4　色彩轻重感的表现

图 8-5 暖色跟冷色的不同重量感

8.1.2 色彩在商业空间设计中的作用

随着现代文化的发展，人们对颜色的需求也会有所变化。因此，作为商店的经营者，就要主动地去满足人们对颜色的新需求，以颜色的清新、活力、美感来吸引顾客，从而达到促销商品的目的，如图 8-6、图 8-7 所示。

图 8-6 施华洛世奇红色专卖店，采用单纯的色彩作为空间界面的划分，目的在于营造时尚、前沿的商业环境，以烘托商品的品质，激发消费者的购买欲望

图 8-7 施华洛世奇红色专卖店以凝重雅致的深色来体现商业环境，再用非常恰如其分的灯光聚焦到商品上，会凸显商品之贵气

首先，色彩冷暖色调的不同，会给人们带来不同的距离感。一般来讲暖色使人感到亲切、近距离；冷色则使人感到遥远、冷静。色彩对人的感知次序为：红、黄、紫、绿、青。基于这个原理，在狭小的室内空间中，就不宜采用纯度很高的暖色。

其次，暖色调的色彩使人感觉较轻，有向前或上浮的错觉；相反，冷色调就使人产生收缩的感觉，具有后退或疏远的错觉。利用色彩带给我们的这些错觉可以调节室内的空间感,例如室内空间过高时,天花板可以采用略重的下沉色彩,地面采用较重的下沉色,而且无论天花板或地面都必须用色单纯,这样就能缩小天棚给人的距离感,减小空间的高度。室内空间装饰色彩的一般规律是:上轻下重、上明下暗、上浅下深、上冷下暖的色彩系,即称之为晨空色或鱼肚色。

再次,色彩在视觉上、心理上具有温度的感觉,因此,室内可以运用色彩来配合不同季节、地域、气候的需要,比如寒冷地区的室内应选择暖色调为主;温暖地区应以偏冷色调为主。

最后,色彩还有调节室内光线的作用。比如,朝北的房间可以使用暖色系来使室内光线变得明快温馨,如奶黄、米黄、浅紫罗兰色等;朝南房间的阳光充足,则采用中性色或冷色比较适宜,如绿灰、浅蓝灰、湖绿等;朝东或朝西的房间,由于上午、下午光线变化较大,向光面应采用反射率低的色调,背光面采用反射率高的色调,予以调整。

8.2 商业空间色彩设计的作用和原则

商业空间中的色彩设计主要包括:商业空间中的总体色调、陈列柜色彩、POP 版面色彩、文字色彩、装饰色彩、灯具色彩、服装色彩、商品色彩等。如何把这种繁杂的空间色彩关系,完美地组合在一起,从而形成一种既统一又富于变化的色彩基调,是商业空间色彩研究的重要课题。

8.2.1 商业空间色彩设计的作用

因此,如何创造同商业空间主题及产品性格相协调的,并带有一定情调的色彩环境,就成为了商业空间色彩设计的重点,商业空间色彩设计的作用主要表现在以下几方面。

1. 使商业空间具有创造性

运用色彩的对比作用和调节作用,通过商品色彩之间的反衬、烘托或色光的辉映,使观众获取特定的、良好的视觉感受与心理效果,如图 8-8、图 8-9 所示。

图 8-8 美国迪士尼乐园:绚丽的色彩设计

图 8-9 商业道具与展柜在色彩上呼应,整体感强,统一中有变化

2. 使商业空间具有导向性

在设计中，利用商业空间的主题色或企业的标志色，从而形成商业空间的标识象征，这样能够起到良好的指示性和导向性的作用，并有利于宣传企业形象和商品的特点。诸如，许多企业，在其全球所有的营业空间及商业宣传中，一直以其企业色为主色的基调，从而体现着"产品—标志—包装—广告"的国际色彩战略。那么由此，商业空间的色彩处理正是这一国际战略的重要组成部分，能够使观众即使从较远的距离也能清楚的识别它的存在，如图8-10、图8-11所示。

图8-10 美国某商店橱窗鲜艳的颜色吸引顾客

图8-11 商业道具与墙面在色彩上呼应，整体感强，统一中有变化

3. 使商业空间具有情感性

在不同类型的商业空间中，由于其具有不同的功能与目标，所以也就体现着，为了实现不同功能与目标而设计的不同的特征，其中也就包含着不同的情调与氛围。所以，不同的企业、不同类别的产品等，其商业空间环境的情调氛围，也就是各不相同的。举例来说，尽管科技产品的商业空间和工业产品的商业空间，都可以使用冷色调来进行处理，但是二者仍然存在着差异性，特别是在视觉的心理感受上存在差异性：前者主要体现着想象力和科技感，而后者则注重实用性能与操作性能。因此，正是这种大的环境色调和商业空间产品个性的色彩基调，能够很快地作用于人的心理，从而使人产生强烈的行业印象，如图8-12、图8-13所示。

图8-12 娱乐行业特殊的色彩运用

图8-13 整体为浅色系列的简约风格设计，但用深颜色来构筑主背景环境，使商品更加突出

4.使商业空间具有审美性

那些赏心悦目的色彩、统一和谐的色调、富有韵律感、节奏感的色彩组合序列，均能创造出更加出色的商业空间环境，从而达到美化商品的目的，最后带给人们在购物中以视觉上和心灵上共同的愉悦的享受。

8.2.2 商业空间色彩的设计原则

在商业空间色彩设计，一般应注重以下4方面的原则。

1.统一性

确立总体色调要和展示商品内容主题相适应，对商业空间环境起决定作用的大面积色彩即为主导色，也称主色调。在展示柜、道具、商品、空间造型、照明等方面应该服从于主色调，形成完整系统的色彩空间。

2.丰富性

选择调节色和重点色，由大到小，在统一中求变化，构成商业空间的活动色彩。利用色相、纯度、明度、肌理的对比营造有规律的变化，给人以丰富的变化感。

3.突出性

局部色彩设计要服从总体色调要求，同时，考虑内容与商品个性特点，选择色彩要有利于突出产品，利用色彩对比方法使主题形象更加鲜明。

4.情感性

商业空间色彩设计具有左右观众视觉和行为的力量。把握观众对色彩的心理感受，充分利用色彩的心理感受、温度感、进退感等诱导观众有秩序、有兴趣地观看商品是商业空间色彩设计追求的目标。

8.3 商业空间的色彩创意

商业空间的色彩创意是指依据室内装修设计空间造型要求和实际表现的对象，凭借工艺手段对材料进行色彩处理，改变其本色的材料。

材料是商业空间设计师创意的始点，也是表现的亮点，运用好材料可收到意想不到的好的效果。然而，材料的色彩表现并不一定能达到我们所想象的，也不像丰富的调色盘上的色彩一样能应用自如，而设计师往往是在一定程度上受到材料本身的性能和生产技术的限制。这时候，就需要设计师了解材料工艺、掌握更多的知识，且经过艰苦的磨砺过程后，方能运用自如，合理巧妙地运用装修材料色彩，体现室内装修环境设计的效果，提高整体室内环境设计的品位与档次。

商业空间的色彩美虽是以材料为基本载体，但色彩美不仅仅是材料材质的自身色彩美效果，而应是整体的环境中自然色彩与人工色彩的具体表现，即室内光环境的表现与运用，如图8-14～图8-16所示。

勒·柯布西耶曾说："色彩不是用来描述什么的，而是用来唤起某种感觉的"。这句话揭示了大师对色彩把握与运用的最高境界。

图8-14 上海威斯汀酒店中餐厅照明与色彩设计

图8-15 799会所内家具、摆设都渗透着奢华的气质

图8-16 白色派的商业风格,为色彩缤纷的商品提供出奇制胜的舞台

图8-17 迪拜帆船酒店色彩设计

正是因为色彩拥有特别的认知价值,而且具有实用功能,因此色彩是一种能够唤起无限感觉的媒介,它所特有的力量可以激起人们显著而又直接的心理反应,是自然界和人造世界的象征性语言。正是因为有此种特性,才使色彩成为空间环境信息表达中当仁不让的优良载体。而特定含义的颜色对象,如红色或者黑色,其语境特征在一定的时间与空间背景下,拥有某种共通性。这种共通性不只是体现在人们对色彩的自然物理属性认知上,而更重要的是反映在色彩的群体意识上。这是人类长期观察、思考和应用色彩特性的必然成果,也是不以人的意志为转移的客观存在,如图8-17～图8-21所示。

图8-18 迪拜帆船酒店局部

图8-19 美国大酒店内部的色彩运用

图8-20 日本商业街色彩设计（一）

图8-21 日本商业街色彩设计（二）

★ 课后任务

（1）根据本单元的内容，设计一个中式餐厅，面积为500㎡，其余条件不限（手绘或者CAD表现均可）。

（2）要求作业中的颜色搭配体现中式跟餐厅的特点。

★ 推荐阅读

1. 张绮曼，郑曙旸. 室内设计资料集. 北京：中国建筑工业出版社，1991

2. 张绮曼，郑曙旸. 室内设计经典集. 北京：中国建筑工业出版社，1994
3. 洪麦恩，唐颖著. 现代商业空间设计. 北京：中国建筑工业出版社，2006
4. 周长亮，李远编著. 商业空间设计. 北京：中国电力出版社，2008
5. 周昕涛编著. 商业空间设计. 上海：上海人民美术出版社，2006

第9单元　商业空间与堪舆学

Unit 9

授课形式：（1）计算机及多媒体教学。
　　　　　（2）社会实践。
学习目的：了解传统文化中的商业空间。
学习重点：不同种类商业空间的创新设计。

堪舆，又称风水，是我国古代关于天地阴阳术数的一种，多指相宅、相墓之法。民间传统习惯认为住宅基地或坟地周围的风向、水流等地势，能招致住者或葬者一家的祸福，因而十分注重风水的选择。这种习惯和做法被古今商家借用和沿袭下来。到了今天，商业堪舆则已成为一种专门的学问。

旧时，商业界有句俗语："要想做好生意，必须遵循八个字，即诚信、仁义、理智、堪舆。"此话正是以晋商和徽商为代表的传统商家所共同提倡和遵守的经营理念。也是我国传统商业文化的核心内涵。

商业建筑"堪舆学"，所涉及的内容，大致分为两个问题：一是选址、营造、装修问题；二是商业文化，行业理念、诚信服务问题。这些都是现代堪舆学所包含的"新风水理论"问题。另外，还包括区域、街道、人流、交通、停车等诸多问题。如图9-1、图9-2所示。

图9-1 酒店内部的实体空间

图9-2 空间的围与透

9.1 选址与堪舆学

古人云："天时、地利、人和。"开店选址是一个很精细的工作，大致要注意以下几点：

（1）交通便利。车站、码头、机场附近，顾客行走不超过15分钟的路程，选人流量大和行人较多的一旁开店最好。

（2）商业中心街道。东西走向的街道最好选坐北朝南的位置开店为好；南北走向的街道最好选坐西朝东的位置开店为好。尽可能选择位于十字路口的西北拐角位置开店为好，因为朝向是坐西北朝东南，风水中称之为"四水朝堂"位置，是好风水。

（3）人群聚集的场所。如剧院、电影院、展览馆、游泳池、体育场、大型娱乐性公园，或者是大工厂、大机关附近都可以开店。因为这里出入行人很多，必然会有购买力。

（4）人口增加较快的地方。城市中由于扩展，新建成的大片新居民区、新建的开发区和工业区，及市政开辟的新主干大道附近都可以开各种便民商店。

（5）选择有名店、名铺的地方。在著名的连锁店或专卖店附近可以开店；著名的超市、商厦、饭店、酒吧、茶艺馆、咖啡店附近也可以开店。

（6）有经营历史的市场。在长期经营的"集中市场"附近可以开店，甚至可以入驻其中；但该市场必须有一定的经营历史，以保证客源。

9.2　颜色与堪舆学

商业空间的色彩，从某种意义上讲，代表了商场的形象，也会直接影响经济效益。对于外观设计不协调的商铺，风水称之为"凶宅"，认为会带来天灾人祸。由于商业空间的色彩设计不协调而失掉顾客，就是商铺遭受到的最大祸患。所以商铺外观的颜色搭配对商铺风水起着重要的作用。

1. 颜色与五行

五行归类系统表见表9-1。

表9-1　　　　　　　　　　　五行归类系统表

五行	金	木	水	火	土
方向	东	南	西	北	中
色	青	赤	黄	白	黑

传统文化中相生相克的说法见表9-2。

表9-2　　　　　　　　　　　五行相生相克规律表

五行	相生的	相克的	削弱它的	它削弱的
木	水	金	火	土
火	木	水	土	金
土	火	木	金	水
金	土	火	水	木
水	金	土	木	火

2. 颜色与行业

五行属金的行业包括：五金首饰、珠宝金行、汽车交通、金融银行、机械挖掘、鉴定开采、司法律师、体育运动等。

五行属木的行业包括：文化出版、报刊杂志、文学艺术、演艺事业、文体用品、辅导教育、花卉种植、蔬菜水果、木材制品、医疗用品、纺织制衣、时装设计等。

五行属水的行业包括：保险推销、航海船务、冷冻食品、水产养殖、旅游导购、清洁卫生、马戏魔术、钓鱼器材、灭火消防、贸易运输、餐饮酒楼等。

五行属火的行业包括：易燃物品、食用油类、热饮熟食、维修技术、电脑电器、电子烟花、光学眼镜、广告摄影、装饰化妆、灯饰灶具、玩具美容等。

五行属土的行业包括：地产建筑、土产畜牧、玉石瓷器、顾问经济、建筑材料、装饰装修、皮革制品、肉类加工、酒店经营、娱乐场所等，如图9-3所示。

图9-3 酒店业的室内设计

传统文化中，商铺外观颜色的选择有一定的意义。

东方利红色：传统上，红色代表喜气、热情、大胆进取。而在风水学上，东方也象征年轻及勇于冒险的精神；南方利绿色：在风水学上，南方主宰灵感及社交能力；绿色则有生气勃勃之意；西方利黄色：黄色一向被用来代表财富，而西方则被认为是主导事业及财运的方位，如果选择黄色，可带来旺盛的财气，令事业飞"黄"腾达；北方利橙色：橙色则有热情奔放的意思。

★ 课后任务

谈谈自己对商业风水的理解。

★ 推荐阅读

1.［英］吉尔.霍尔.实用设计风水百科 居室·办公室·景观.大连：大连理工大学出版社，2004

2.孙景浩，孙德元.商铺风水文化.上海：上海三联书店，2007

第10单元　设计程序

授课形式：（1）计算机及多媒体教学。
（2）社会实践。
学习目的：（1）了解商业空间的整体设计程序，分清每一个阶段所要完成的任务。
（2）掌握施工图的设计规范。
（3）将理论知识灵活地运用于实践，并在理论基础上，对实践进行改良和重构。
学习重点：（1）掌握与业主交流的技巧，充分收集资料。
（2）运用掌握的理论知识进行创新性的商业空间设计。

10.1　设计前期

设计前期应做好以下 3 方面工作。

1. 与业主充分交流

在设计前期，设计师与业主交流的主要目的是充分了解商业环境的内容，认真领会业主或设计要求方的理念及动机，更为重要的是要了解资金情况和业主的设计动机。如果是大型的设计方案，还应该更加充分地吸收除了业主之外的更多人士的理念和想法。

2. 市场调研

设计从来不是纸上谈兵的描摹，而是建立在现实之上，通过实际行动予以实现。在设计前期只有充分了解市场的要求，才能够抓住设计主旨，从而更深刻了解顾客的心态，以及处于商业环境中人们的生活方式、思维观念等，才能更好地进行设计。当设计小型的商业空间时，都应该充分了解商品的相关信息，细致分析顾客的购物心理、行为模式等。

3. 设计资料的收集整理与分析

"知己知彼，百战不殆。"这句话正揭示了我们在设计之中的设计哲学。也就是说，设计师只有广泛地搜集相关资料，充分了解各方面的相关信息，才能够做到设计之前胸有成竹，才能够最后拿出优秀的设计方案。所以对设计前期资料的收集和整理过程，也就是消化和吸收各类建议，充分了解市场和设计主旨、酝酿设计方案的关键的环节，见表 10-1。

表 10-1　　　　　　　　　　资料整理的环节与任务

环节	任务
定位客源群体	客户的层次、客户的性质
风格取向	大风格定位，如中式、欧式
营运平面	根据大风格定位与甲方经营需要
核定人数预算平衡表	用于 3～5 年
造价可行性（前期指导价）	提供可行的造价指导
区域性造价分析	提供各设计空间的分项价格
主材料清单	提供设计空间的主材料清单
风格参考提案	通过参考图片的提案，达成与甲方在风格上的一致

10.2　设计中期

设计中期包括提出初步方案和进行扩初设计两方面内容。

10.2.1　提出初步方案

在设计前期工作结束后，应提出一个完善和理想化的空间功能分析图，也就是抛开实际平面而完全绝对合理的功能规划。不参考实际平面是避免因先入为主的观念而桎梏了设计师的感性思维。

当功能规划基本完善后，便进入了实质的设计阶段，实地的考察和详细测量是极其必要的，图纸的空间想象和实际的空间感受差别很悬殊，对实际管线和光线的了解有助于缩小设计与实际效果的差距。如何将理想设计结合实际空间是这个阶段所要做的工作。室内设计的一个重要特征，便是只有最合适的设计而没有最完美的设计；一切设计都存在着缺憾，因为任何设计都是有限制的，设计的目的就是在限制的条件下通过设计缩小不利条件对使用者的影响。将理想方案从大到小地逐步落实到实际图纸当中，并且不可避免地要牺牲一些因冲突而产生的次要空间。空间设计完成后便是完善家具设备布局。

图 10-1 所示为一洗浴中心的平面分析：定位客源消费心理，所停留的区域时间及消费的可能性，进行面积分摊比的合理分布，并对设计风格取向定位，考虑未来空间的效果。

图 10-2 所示为一餐饮空间的平面分析：定位消费客源群体，使用性质、人数及消费方式和卖点，并对设计风格及营运情况进行分析。

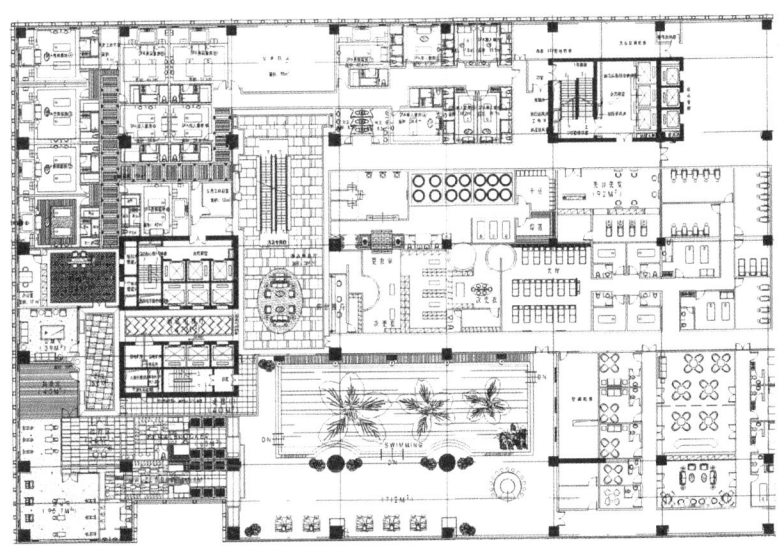

图 10-1　休闲类洗浴功能平面分析

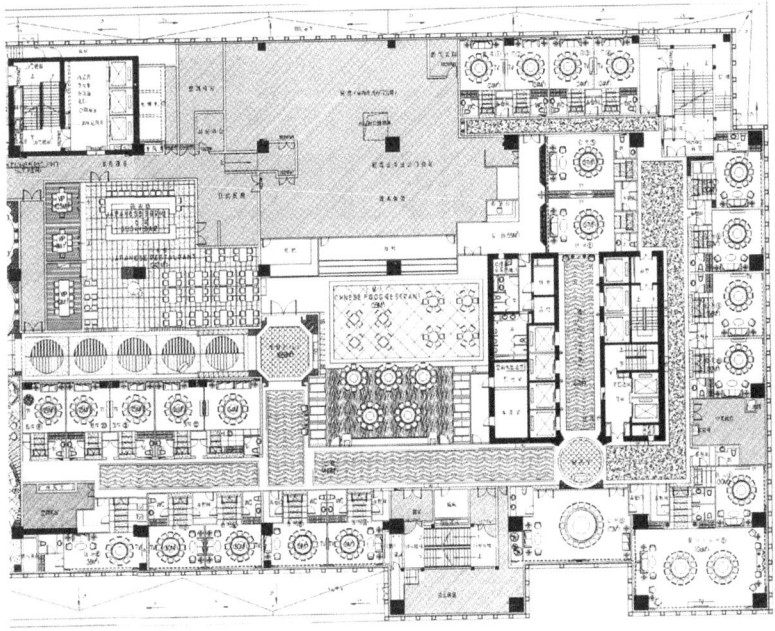

图 10-2　餐饮类功能平面分析

10.2.2 扩初设计

由设计方案到扩初设计，是从平面向三维表现的转换，其间要将初期的设计概念完善和实现在三维效果中，包括材料、色彩、采光、照明的选择。材料的选择首要的是屈从于设计预算，这是现实的问题，单一的或是复杂的材料是因设计概念而确定。虽然低廉但合理的材料应用要远远强于豪华材料的堆砌，当然优秀的材料可以更加完美地体现理想设计效果，但并不等于低预算不能创造合理的设计，关键是如何选择。色彩是体现设计理念不可或缺的因素，与材料是相辅相成的。采光与照明是营造氛围的，说室内设计的艺术即是光线的艺术虽然有些夸大其词，但也不无道理。艺术的形式最终是通过视觉表达而传达于人的。

这些设计的实现最终是依靠三维表现图向业主体现，同时设计师也是通过三维表现图来完善自己的设计。扩初设计阶段表现图的优劣可以影响方案的成功，但并不是决定因素，只是辅助与设计的一种手段和方法，不能本末倒置过分地突出表现的效用，起决定作用的还应该是设计本身。

扩初设计阶段的平面图包括原始平面图、平面布置图、天花图、地面铺装图、灯位布置图、插座布置图，给水排水排污管道图、尺寸和标高，以及设计说明等。

扩初设计阶段的立面图包括每面墙上的装修、各种制作的造型、材料说明和尺寸、为了图面的完整，还可以加上适当的装饰品和植物等。

扩初设计阶段的大样图包括商场、酒店的室内装饰墙面、踢脚线、天花、楼梯、卫生间以及主要活动空间的家具设计的详细图纸。

各层总平面图可以明确表达空间功能的划分和交通流线的分析，立面图可以清晰反映出墙面的装饰效果，并用形式和材料语言进行设计，使整个空间层次丰富。大样图对每个空间中细节部分都要进行仔细的图纸说明，是对平面图和立面图的补充和细化，能更好地让施工顺利开展。

到了设计的中期，就要抛开先入为主的思维意识，分次与业主、甲方以及同行进行交流。因为方案的中期阶段要进行细致的数据处理，所以要充分对现场进行实地实测，深入分析并确定设计方案的可行性、可操作性，见表10-2。图10-3～图10-11所示展示了设计中期几类工作内容成果。

表10-2　　　　　　　　　　　　设计中期的工作内容

步骤	内容	
概念设计（草图设计）	主材提案（提供设计空间选用的初步主材料样式、样板）	手稿方案（根据选定的风格、平面、主材勾画设计空间的效果手稿）
方案设计	在经过上述阶段之后应该对设计内容有一个较为明确的认识，在此基础上将设计方案的大体框架和基调确定下来，并做出多个方案进行比较，从而选出最为适合的方案进行规划和设计，这也是设计工作的最初阶段，大量的图纸和设计构思是设计师的主要工作内容	
手绘效果图	效果图制作（根据选定的风格、平面、主材和手稿方案，制作设计空间效果图）	
计算机辅助设计	效果图制作（根据选定的风格、平面、主材和手稿方案，利用计算机软件制作设计空间效果图）	

图 10-3 酒店大堂手绘方案效果图

图 10-4 酒吧手绘方案效果图

图 10-5 延吉市夏官大酒店效果图（大堂）

图 10-6 延吉市夏官大酒店效果图（宴会大厅）

图10-7 延吉市夏宫大酒店材料样板（包间）

图10-8 延吉市夏宫大酒店材料样板（套间客厅）

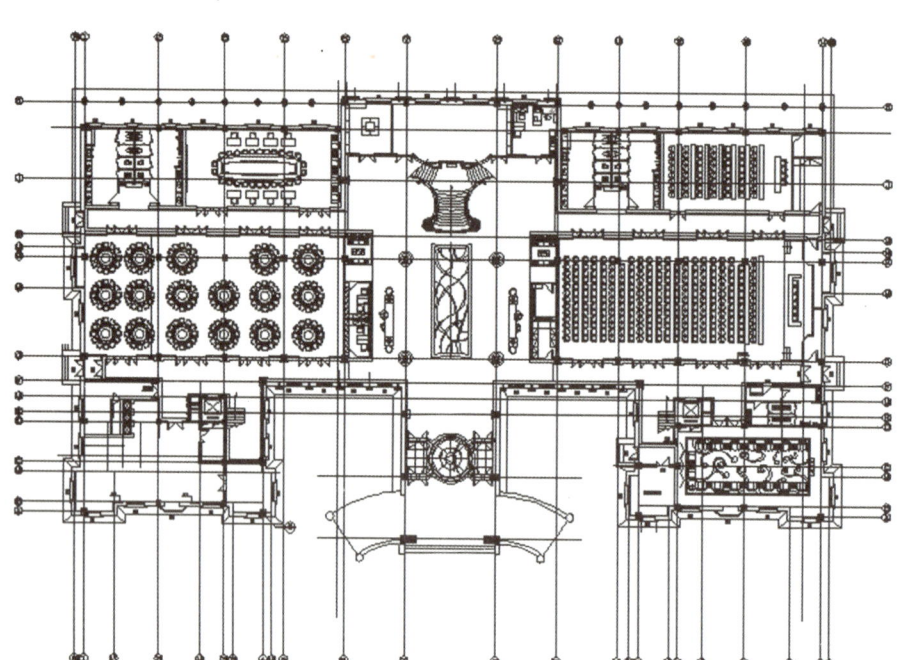

图10-9 延吉市夏宫大酒店一层平面图

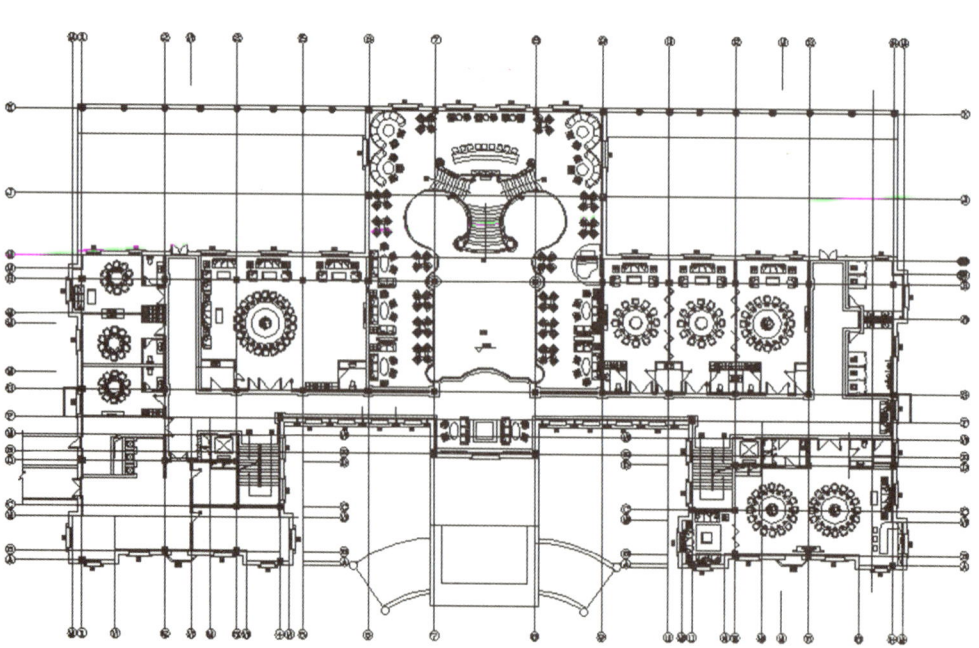

图10-10 延吉市夏宫大酒店二层平面图

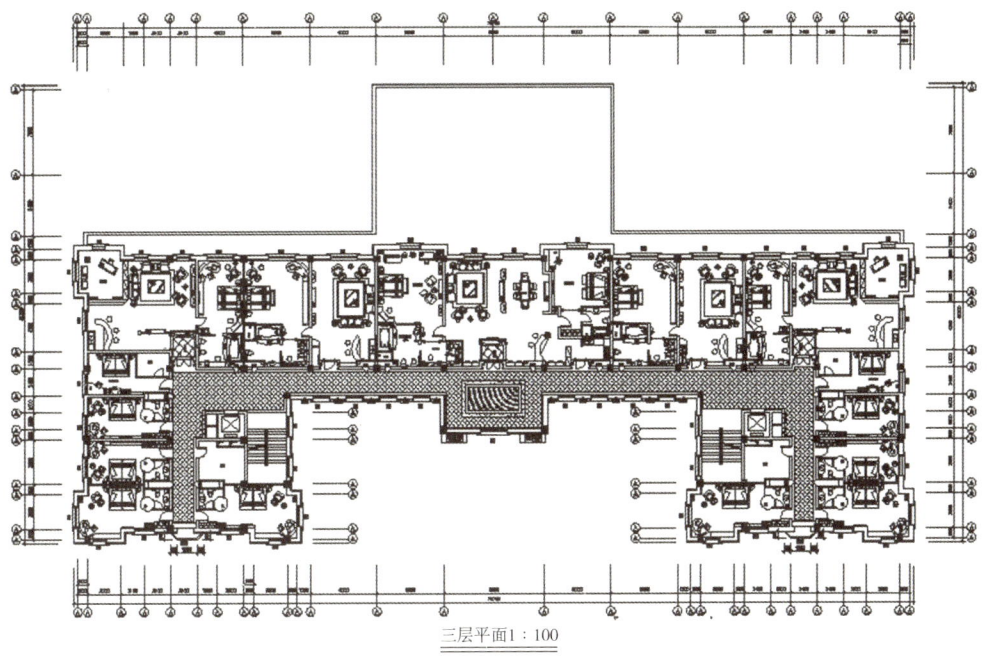

图 10-11　延吉市夏宫大酒店三层平面图

10.3　设计后期

到了设计的后期,设计师需要再次与业主、甲方以及同行之间进行沟通。因为方案的初始阶段肯定存在不完善之处,所以要充分接受和采纳来自各方的意见及建议,再次进行深入分析并确定深入设计的定型方案。

10.3.1　深化设计

深化设计一般包括以下内容。
(1)大样图制作。根据各重要设计节点和选材制作大样图。
(2)配饰方案。根据风格取向和效果图制作软装配饰提案。
(3)预算阶段。施工图和配饰方案确认后,甲方提供预算书。
(4)根据预算书调整主材。如果预算与前期指导价出入较大,则要调整主材。

10.3.2　施工图设计

到了施工图设计阶段,主要工作就是会同行业专家、甲方、业主、施工方、使用者等将设计方案的内容再次论证,进一步完善方案和图纸,编制施工细则、预算、施工进度计划等内容,详见表10-3和图10-12、图10-13。

表 10-3　　　　　　　　　　　施工图设计内容

步骤	时间	内容
深化平面图	效果图确定后	在原来的平面图基础上作平面深化
条件图制作		根据确定的平面图和效果图制作条件图
立面图制作		根据确定的平面图和效果图制作立面图

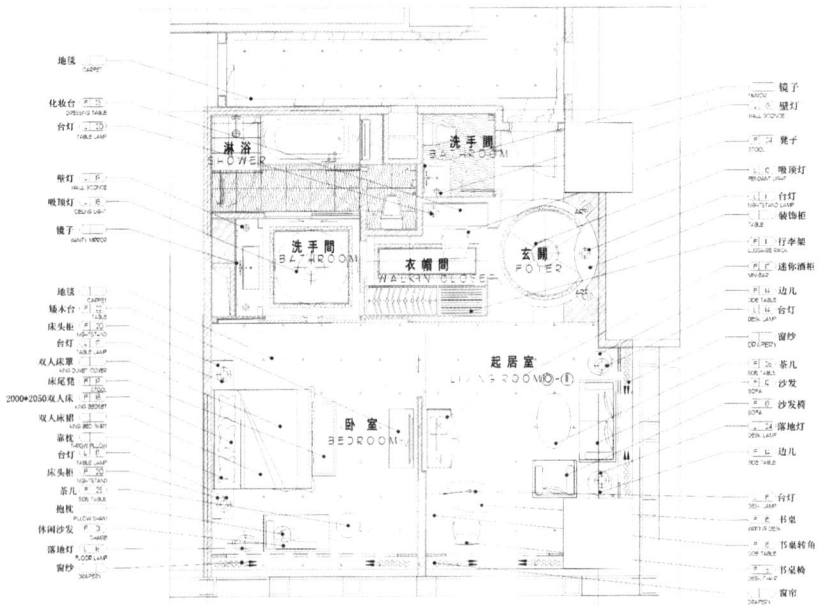

图 10-12 酒店客房平面施工图

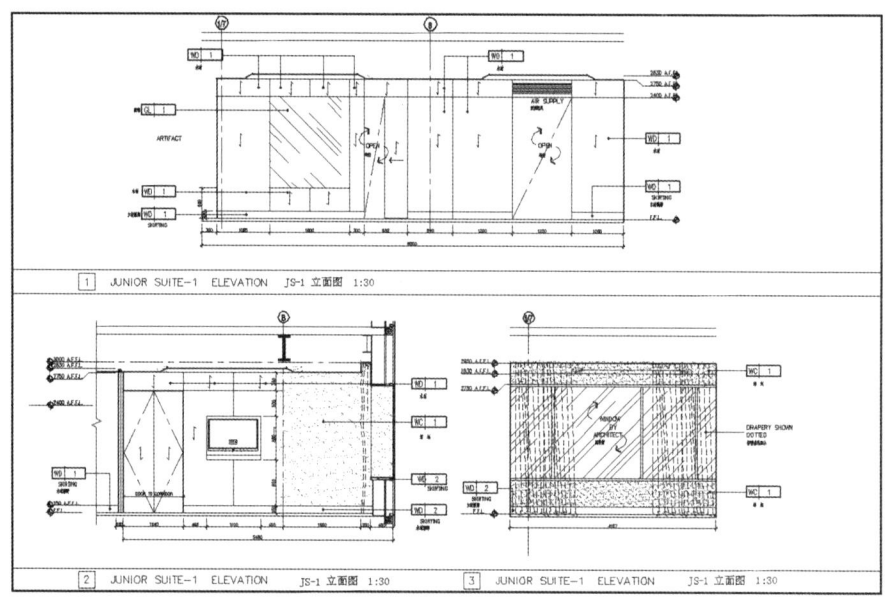

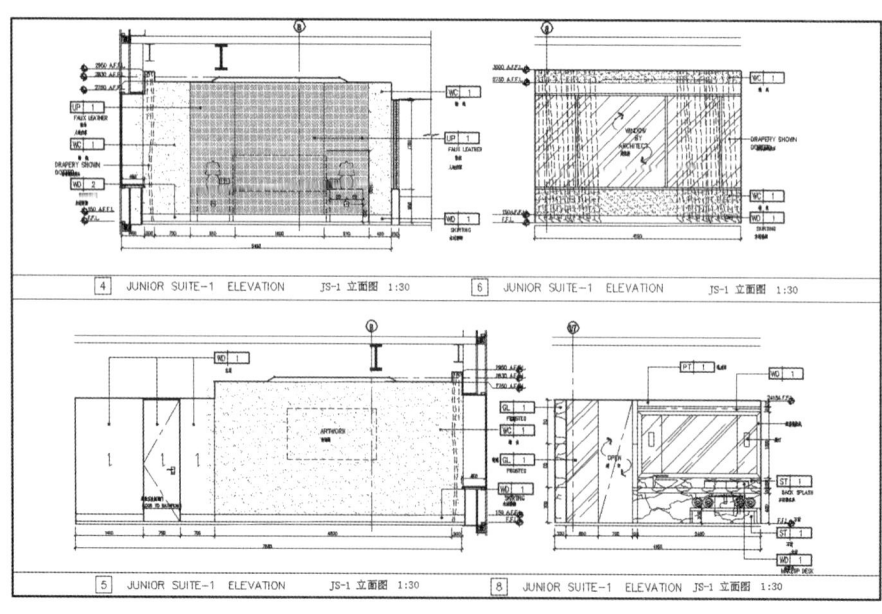

图 10-13（一） 酒店客房立面施工图

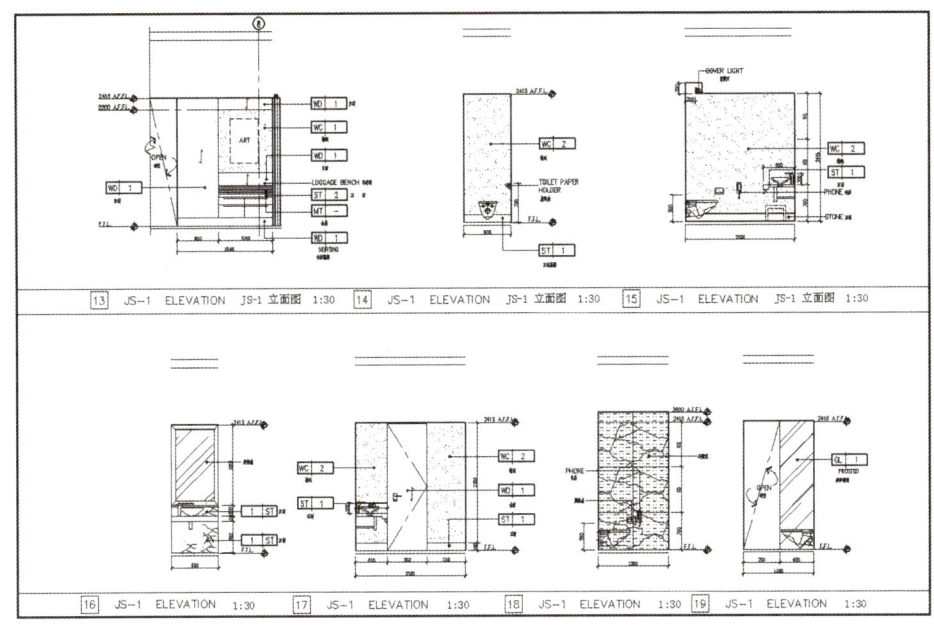

图 10-13（二） 酒店客房立面施工图

★ 课后任务

（1）模拟与业主或客户的交流与沟通场景，根据模拟场景下的设计要求，为业主或客户设计一套商业空间的效果图。

（2）每人收集 2 个商业类、2 个餐饮类、2 个酒店类的案例，用图片和文字的形式展示给大家，并说明自己喜欢案例或不喜欢案例的理由。

★ 推荐阅读

1. 洪麦恩，唐颖著．现代商业空间设计．北京：中国建筑工业出版社，2006
2. 周长亮，李远编著．商业空间设计．北京：中国电力出版社，2008
3. 周昕涛编著．商业空间设计．上海：上海人民美术出版社，2006
4. ［日］藤江澄夫著．商业设施．北京：中国建筑工业出版社，2002

★ 课堂作业及要求

（1）作业题目：商业展买空间设计。

（2）作业要求：商场总平面布置设计、局部电脑效果图，可加手绘图，设计理念说明（包括材质说明）500字左右。

（3）作业图副：A3图纸，需展板装裱整体1张板。

参考文献

1. [美]约翰·派尔著.世界室内设计史.北京：中国建筑工业出版社，2003
2. [日]藤江澄夫.商业设施.北京：中国建筑工业出版社，2002
3. [英]弗雷德·劳森著.酒店与度假村——规划、设计和重建.大连：大连理工大学出版社，2003
4. [英]弗雷德·劳森著.饭店、俱乐部及酒吧.大连：大连理工大学出版社，2003
5. [英]埃莉诺·柯蒂斯著.酒店室内设计.大连：大连理工大学出版社，2004
6. [日]建筑设计资料集成.北京：建筑工业出版社，2002
7. 张绮曼，郑曙旸.室内设计资料集.北京：中国建筑工业出版社，1991
8. 张绮曼，郑曙旸.室内设计经典集.北京：中国建筑工业出版社，1994
9. 王奕著.酒店与酒店设计.北京：中国水利水电出版社，2007
10. 周长亮，李远编著.商业空间设计.北京：中国电力出版社，2008
11. 周昕涛编著.商业空间设计.上海：上海人民美术出版社，2006
12. 洪麦恩，唐颖著.现代商业空间设计.北京：中国建筑工业出版社，2006
13. 林宪生.教学设计的概念、对象和理论基础.电化教育研究，2000（4）
14. 张志颖主编.商业空间设计.长沙：中南大学出版社，2007